LES
OISEAUX ET LES INSECTES

1re SÉRIE IN-8o.

LES OISEAUX

ET LES INSECTES

PAR

A. DUBOIS.

Officier d'Académie, membre de plusieurs Sociétés savantes.

LIMOGES

EUGÈNE ARDANT & Cⁱᵉ, ÉDITEURS.

CHAPITRE PREMIER

Lorsque, vers le milieu du mois d'avril, vous errez sous les futaies encore dénudées de nos grands bois, il vous arrive d'entendre un cri grave et sonore, *Cou-cou! Cou-cou!!*... qui retentit dans le silence de la forêt et qui vous cause une sensation étrange.

Cette voix, bien connue de l'habitant des campagnes, exerce cependant sur lui une impression singulière. La syllabe monotone, constamment accentuée sur un même rythme, est plus éloquente qu'un long discours : Elle signifie l'hiver passé, avec son manteau de neige et de frimas, son cortège de peines et de privations ; elle annonce le retour du printemps, des fleurs et des fruits ; elle prédit les récoltes abondantes qui rempliront de nouveau les greniers et les granges.

Le Coucou GRIS (*Cuculus canorus*) ou *Coucou vulgaire*, a la taille allongée et le maintien dégagé de la pie ; la longueur du corps est encore accentuée par l'étendue des plumes de la queue qui, en même temps, se développent en éventail. Le dos de cet oiseau est d'un cendré bleuâtre, assez brillant ; le ventre est blanc d'un grisâtre, rayé transversalement de brun ; les ailes sont cendrées et variées de blanc et d'un peu de roux ; la queue est noirâtre avec quelques taches blanches ; l'œil est jaune vif ; le bec est noir avec la base de la mandibule inférieure d'un jaune safrané ; les pieds, faibles et très courts, sont jaunes ainsi que les ongles.

Les coucous ne constituent pas de famille, comme la plupart des autres espèces, et nous dirons tout à l'heure comment ils se reposent sur d'autres oiseaux, du soin d'élever leur couvée.

Chaque mâle du coucou se conquiert un domaine, et le défend avec vigueur contre les envahissements de ses rivaux ; mais il faut mettre cette habitude moins sur le compte de l'inclination que de la nécessité. Toujours affamé, ces oiseaux mangent sans cesse ; il leur faut un territoire de chasse assez étendu ; ils parcourent, sans repos ni trêve, la partie des bois qu'ils se sont choisie, et on peut les voir arriver à certains arbres, plusieurs fois par jour, et à des heures régulières. Ils s'avancent d'un vol rapide, élégant et léger, se posent sur quelque forte branche et cherchent une proie à dévorer.

Ils vivent d'insectes, particulièrement de chenilles velues que les autres insectivores sont impuissants à détruire. Ont-ils aperçu quelque victuaille, ils fondent sur elle en quelques coups d'aile, la saisissent, reviennent à leur place ou volent sur un autre arbre pour recommencer le même manège. Ils avalent leur proie avec une grande voracité, et rejettent, après la déglutition, la peau des chenilles roulée en pelotes.

Au commencement de la saison, ils ne manquent jamais de lancer leur cri : *Cou-cou ! Cou-cou !!*... dès qu'ils se sont appuyés sur une branche ; et ils font quelquefois un tel abus de leurs voix, qu'ils deviennent littéralement enroués.

La femelle du coucou a une singularité qui la distingue de toutes les autres : C'est de ne point construire de nid, de ne point couver, de ne point élever ses petits, mais de pondre ses œufs et de les disséminer, un par un, dans les nids de quelques petits oiseaux, particulièrement dans les nids de fauvette, de mésange, de roitelet, de rouge-gorge ; quelquefois dans ceux d'alouette, de pinson, de bergeronnette, et de laisser à ces mères d'emprunt le soin de les couver. Les anciens avaient déjà observé cette particularité :

« L'œuf du coucou est couvé, disait Aristote, et le petit qui en éclôt est nourri par l'oiseau dans le nid duquel l'œuf a été pondu. Le père nourricier même rejette, dit-on, ses propres petits hors du nid, les laisse mourir de faim, tandis que grandit le jeune coucou D'autres racontent qu'il tue sa progéniture pour en nourrir le coucou car celui-ci est tellement joli que ses parents nourriciers dédaignent pour lui leurs propres petits. Tous ces récits sont avancés par des témoins prétendus oculaires: mais, ils ne concordent pas, quant à la manière dont périssent les jeunes de l'oiseaux nourricier. Les uns disent que le vieux coucou vient les manger ; d'autres prétendent que comme le jeune coucou dépasse en grandeur et en force ses frères d'adoption il prend à lui seul toute la nourriture et les laisse mourir de faim, d'autres enfin, disent qu'ils les mange. Le coucou fait bien de placer ainsi ses petits; il sait combien il est lâche et qu'il ne pourra les défendre. Sa lâcheté est telle que les petits oiseaux se font un plaisir de le harceler et de le chasser. »

S'il y a, dans cette description, quelques points incontestables, il en est qui dénotent une observation plus que superficielle ; par exemple, l'attention qui fait du jeune coucou un oiseau « tellement joli » est singulièrement exagérée. Au dire de tous ceux qui les ont réellement observés, les jeunes coucous sont fort laids ; on les reconnaît facilement à leur grosse tête que des yeux énormes rendent encore plus informes. Ils croissent rapidement, et deviennent surtout hideux lorsque leurs plumes commencent à se montrer sur leur peau noirâtre. On raconte qu'un coucou nouvellement éclos, a été pris, au premier aspect, pour un crapaud.

Un fait vraiment extraordinaire, et que plusieurs naturalistes ont observé, c'est que les œufs varient de teinte, de couleur et de dessins, et ressemblent toujours plus ou moins aux œufs à côté desquels ils sont placés. Il est probable que chaque femelle ne les dépose que dans les nids d'une même espèce d'oiseaux

« Il est curieux, dit Bechstein, de voir avec quel plaisir les oiseaux voient une femelle de coucou s'approcher de leur nid. Au lieu de quitter leurs œufs comme ils le font quand se montre un homme ou un animal, ils paraissent tout joyeux, La femelle de troglodyte, qui couve ses œufs, s'élance au bas du nid quand arrive le coucou et lui fait place pour qu'il puisse y pondre tout à son aise. Elle sautille tout autour ; à ses cris joyeux, arrive le mâle qui prend part à l'honneur que veut bien faire à leur ménage un si grand oiseau. » Voilà encore une observation à laquelle il ne manque que l'exactitude. Tous les oiseaux, au contraire, qui redoutent l'intrusion du coucou, témoignent de la plus grande frayeur, et ne négligent aucun des moyens susceptibles d'éloigner l'envahisseur. Celui-ci, se cache autant que possible ; il arrive comme un voleur, dépose un œuf et s'enfuit. Quelquefois, le propriétaire du nid surprend la femelle du coucou, et défend si vigoureusement son domicile qu'elle se hâte de fuir sans oser revenir.

Quand les nids sont en rase campagne, que la mère est sur les œufs, la femelle du coucou, décrit, en volant, des cercles qui vont toujours se rétrécissant ; la couveuse qui croit avoir affaire à un rapace finit par s'éloigner. Libre alors, la femelle du coucou s'établit sur le nid, pond, et disparait rapidement après avoir mangé un des œufs de l'oiseau auquel elle abandonne les soucis de sa propre maternité.

Si l'approche du nid est défendue et que la femelle du coucou ne puisse s'y introduire facilement, elle pond à terre, prend l'œuf dans son bec et le dépose dans le berceau qu'elle a choisi ; mais parfois cet œuf est jeté hors du nid ; sans se décourager, elle le ramasse avec son bec, le fait glisser dans sa gorge qui est, à cet effet, très dilatée, et le transporte ailleurs. Elle revient, prétend-on, visiter le nid, et profite de ces voyages pour jeter à bas un des œufs ou des petits qu'il renferme, mais, jamais le sien.

L'oiseau auquel appartient le nid couve avec soin l'œuf du coucou ; celui-ci, en effet, ignore que sa maison renferme l'ennemi de ses enfants. Lorsque cet étranger vorace est éclos, il demande à ses parents nourriciers plus qu'ils ne peuvent lui apporter ; il prend, dans leur bec, la nourriture de ses petits compagnons ; et, bientôt les jette dehors si la mère coucou ne l'a déjà fait, ou s'il ne sont pas mort de faim.

Resté seul, il devient pour le père et la mère adoptifs la cause d'un travail pénible : Ils lui apportent, avec une sollicitude vraiment touchante, de petits coléoptères, des mouches, des limaçons, des chenilles; ils travaillent du matin au soir, sans pouvoir le rassasier et sans pouvoir arrêter le cri rauque qu'il pousse sans cesse pour indiquer qu'il n'est pas satisfait. Faut-il dire que quelquefois même il étouffe dans son large gosier, le troglodyte, le rouge-gorge ou la fauvette qui a porté imprudemment dans l'intérieur du bec du jeune coucou l'insecte capturé pour sa nourriture. Aussi le proverbe « ingrat comme un coucou » est-il parfaitement justifié.

Devenu grand, le jeune coucou tombe naturellement du nid qui ne peut plus le contenir ; ses parents nourriciers le suivent pas à pas pendant des journées entières, car il passe, selon son caprice, d'arbre en arbre, sans s'inquiéter de leur obéir.

Quelquefois l'œuf du coucou a été déposé dans un nid placé dans le creux d'un tronc d'arbre dont l'ouverture est trop étroite pour que le petit puisse sortir. Alors, on voit ses tuteurs rester avec lui jusqu'à la fin de l'automne et continuer à le nourrir; ils sont encore là, les malheureux, retenus par la captivité du jeune oiseau qui leur est étranger, lorsque toute leur famille est déjà, depuis longtemps, partie dans les régions méridionales.

Suivant Florent Prévost, la femelle du coucou met environ deux mois pour pondre cinq ou six œufs : Voilà pourquoi on trouve des jeunes dans les mois de mai et de juin, et pourquoi on en rencontre encore en juillet et août. « On voit souvent, écrivait le vicomte de Querhoënt, au commencement d'octobre, dans les environs de Guérande, en Bretagne, de jeunes coucous qui n'ont pas vraisemblablement sorti assez tôt pour suivre les vieux; j'en ai même tué au mois de décembre. »

Frappé de l'indifférence du coucou, comparée à cette tendresse générale, à ces soins touchants qu'ont les autres oiseaux pour leurs petits, les naturalistes ont cherché à expliquer ce désordre apparent, cette exception aux lois de la nature.

Hérissant attribue ce phénomène, unique dans l'histoire des oiseaux, à la position du gésier du coucou qui est plus en arrière dans l'abdomen et moins garantie par le sternum ; mais on sait aujourd'hui que cette même conformation existe chez d'autres espèces qui couvent très bien leurs propres œufs. L'explication, plus probable, de Florent Prévost est que les mâles étant beaucoup plus nombreux que les femelles, ces dernières n'ont pas de demeure attitré, passant d'un canton à l'autre, et trouvant plus commode de pondre dans le nid de quelques oiseaux insectivore que d'en construire un qu'elles seraient dans l'impossibilité de transporter à mesure qu'elles se déplacent.

Le coucou est un oiseau qu'il faut protéger et qui ne devrait manquer dans aucune forêt, non seulement parce qu'il l'anime, mais surtout parce qu'il contribue à son bon entretien. Essentiellement insectivore, il nous rend les plus grands services ; il détruit surtout une quantité innombrable de chenilles, et particulièrement les chenilles velues que les autres oiseaux ne peuvent avaler. Son estomac est hors de proportion avec son volume, et son appétit et sa voracité sont en rapport avec les dimensions considérables de cet organe.

Le coucou a eu des adversaires, mais des voix savantes et autorisées se sont élevées de toutes parts pour le défendre. « Le coucou, disait M. Millet, inspecteur des forêts, est un précieux auxiliaire contre les insectes. Il a une spécialité : la destruction des chenilles velues. Nous avons indiqué le danger de ces chenilles. Elles inspirent à la plupart des oiseaux une répugnance facile à comprendre. Mais le jabot du coucou secrète une substance mucilagineuse qui réunit les poils des chenilles, les colle et en forme une sorte de pâte. Cette pâte, roulée en boule par le premier travail de la digestion, est expulsée et sort par le bec de l'animal. Aussi la *chrysorée*, la *dispar te*, la *livrée*, ne tardent pas à disparaître des cantons forestiers où le coucou s'est établi. »

Voici le résultat d'une observation de E. de Homeyer :

Au commencement de juillet plusieurs coucous s'établirent dans un bois de pins d'environ trente arpents. Quelques jours plus tard le nombre de ces oiseaux s'était tellement accru que notre observateur en fut frappé : Il n'y en avait pas moins d'une centaine dans l'étendue du bois. Il ne tarda pas à se convaincre que ce rassemblement était dû à la présence d'une énorme quantité de chenilles de pins (*liparis monacha*). Les coucous qui trouvaient là une abondante nourriture avaient interrompu leur voyage pour profiter de cette aubaine. Il étaient tellement occupés et affairés qu'en une minute un seul oiseau avalait plus de dix chenilles. « Qu'on compte, dit Homeyer, seulement deux chenilles par oiseau et par m

pour cent oiseaux, cela fera pour une journée de seize heures
(au mois de juillet) 192.000 chenilles. Les coucous étant restés
quinze jours dans la localité, le nombre des chenilles dévorées
peut donc s'élever à 2.880.000. Et, en effet, leur diminution
fut si notable qu'on aurait été tenté de croire que les coucous
les avaient toutes détruites. Plus tard, on n'en vit plus de trace »

CHAPITRE II

Les chenilles. — Différents états. — Le Bombyce cul-brun. — Sollicitude maternelle. — L'échenillage. — Le Bombyce zig-zag. — La Livrée
des jardins. — Nid en forme de bague. — Les Processionnaires. — Le
Processionnaire du chêne. — Nombreuses républiques. — Existence
en commun. — Procession bizarre. — Ruine et dévastation. — Observations de Réaumur. — Le Bombyce du pin. — Innombrables ennemis.
— La Nonnette. — Le Bombyce pudibond. — Forêts dévastées.

« Lorsque l'hiver a dépouillé les arbres de leurs feuilles, dit
Réaumur, la nature semble avoir perdu ses insectes; il y en
a des milliers d'espèces, d'ailées et de non ailées, bien communes
en d'autres temps, qu'on ne retrouve plus alors. Nos campagnes s'en repeuplent dès que les feuilles des arbres commencent à pointer; des chenilles de toutes espèces les rongent
avant même qu'elles se soient développées. Ces chenilles, que
nous voyons alors reparaître, suffisent pour nous donner une
idée des moyens généreux que la nature emploie pour conserver
tant d'insectes dans une saison où ils ne sauraient plus trouver
de quoi se nourrir. »

Tout le monde, aujourd'hui, sait que les chenilles naissent
des œufs des papillons, et c'est par cette graine, semée avec
prévoyance sur les plantes qui devront assurer leur nourriture, que les espèces subsistent pendant la saison rigoureuse.
Tout a été combiné par la nature : La chaleur nécessaire pour

l'éclosion des insectes est la même qui est indispensable pour faire pousser les feuilles des végétaux propres à les nourrir; quand la petite chenille brise la mince enveloppe qui lui servait d'abri, elle trouve à côté d'elle les aliments que son instinct lui fait préférer et la pousse à rechercher.

Avant d'arriver à l'état de papillon, les chenilles passent par un état intermédiaire qui est celui de chrysalide; l'insecte, sous cette forme ne prend aucune nourriture; il paraît privé de mouvement, prépare sa métamorphose, et attend, dans son enveloppe soyeuse, l'époque de sa brillante résurrection.

Avec le printemps et le soleil les chenilles s'empressent d'éclore; elles se répandent partout sur les plantes et sur les arbres et auraient bientôt fait disparaître toute trace de végétation, si, par une de ces lois admirables dont nous avons tant d'exemples frappants, la nature n'avait atténué le mal en formant des armées d'insectivores qui leur font une guerre continuelle et acharnée. Nous avons dit, tout à l'heure, quelle place le coucou doit occuper dans cette bienfaisante milice qui travaille à la conservation de nos récoltes; nous allons maintenant parler des insectes qui constituent la nourriture de prédilection de cet oiseau.

Le BOMBYCE CHRYSORRHÉE, ou *Bombyce cul-brun* (*Bombyx chrysorrhea* ou *liparis chrysorrhea*) doit son nom au faisceau de poils roux qui termine l'abdomen de la femelle. A peine libre, ce papillon se préoccupe du soin d'assurer sa postérité : C'est vers le mois de juillet que la femelle dépose sous les feuilles de petits tas d'œufs qu'elle enveloppe avec les poils qu'elle s'est arraché. Les chenilles, nées à la fin de l'automne, se réunissent ensemble par groupes de quinze à vingt, assemblent des paquets de feuilles avec des fils de soie et se forment ainsi un abri où elles passent l'hiver. Dès le mois d'avril, elles quittent le nid et se répandent sur l'arbre dont elles dévorent les feuilles avec une incroyable rapidité. Quand des circonstances spéciales favorisent la multiplication de ces insectes leurs ravages sont terribles; en temps ordinaire, leurs déprédations sont assez sensibles pour constituer un véritable impôt prélevé régulièrement sur nos récoltes.

Il serait cependant assez facile de se préserver en partie des dégâts occasionnés par les chenilles du *cul-brun* en exécutant la loi concernant l'échenillage. Leurs nids sont très apparents; **on peut profiter d'un temps froid**, pendant les mois de décembre ou de janvier, pour les couper et les brûler.

Le Bombyce dissemblable, ou Bombyce zig-zag (*Bombyx dispar*, ou *liparis dispar*) ainsi nommé des dessins ondulés de ses ailes, est encore appelé *disparate*, parce que la femelle à la taille double de celle du mâle. Ses mœurs sont analogues à celle de l'espèce précédente. La ponte des œufs, qui se fait pendant le mois d'août, a lieu non pas sous les feuilles, mais sur le bois, les tiges ou les branches, vers leur bifurcation, quelquefois même sur les pierres d'un mur. Ils sont réunis en petits amas, recouverts d'un tampon de poils roussâtres qui leur donne l'aspect d'un morceau d'amadou, et dont le but est de les protéger contre les rigueurs de l'hiver. Les chenilles éclosent au printemps et se comportent comme celles du bombyce cul-brun.

Le Bombyce neustrien ou Livrée des jardins (*Bombyx neustria*) est une des espèces les plus nuisibles aux forêts; la chenille porte une véritable *livrée* formée de raies longitudinales alternativement rouges et bleues, et qui a valu à ce papillon le nom sous lequel il est généralement connu. Le bombyce livrée est jaunâtre avec les ailes antérieures traversées de deux bandes fauves. C'est la femelle de cet insecte qui forme avec ses œufs, autour des branches d'arbres, des bagues ou bracelets qui restent à découverts, mais qui sont protégés par un vernis à l'épreuve de l'eau et du froid.

« De tous les nids d'œufs de papillons, dit Réaumur, celui où cette colle est plus visible, et qui d'ailleurs est un des plus jolis pour l'arrangement des œufs, est un nid connu des jardiniers, parce qu'ils le trouvent assez souvent en taillant leurs arbres; ils l'appellent le *bracelet* ou la *bague*, et ils l'ont très bien nommé. Ces nids entourent un jet de poirier, de pommier, de pêcher, de prunier, comme les bagues ordinaires entourent les doigts, ou comme les bracelets entourent les bras. Ils ressemblent tout à fait aux bracelets de grains d'émail; chaque œuf tient ici lieu d'un de ces grains. Il entre depuis deux cents jusqu'à trois cents cinquante œufs dans chaque bracelet. On ne voit que leur partie supérieure, dont le contour est rond et blanc; le milieu est plus brun; la sommité est toujours marquée par un point noir. Ces grains ou œufs, qui se touchent seulement par quelques endroits de leur contour et qui sont pressés les uns contre les autres, laissent nécessairement entre eux des espaces, qui sont remplis par une espèce de gomme brune, dure et cassante. Il faut une grande provision de colle ou de gomme à un papillon pour fournir à la composition de ce bracelet. Le papillon qui le fait est une phalène ; il nous est donné par la chenille que nous avons nommée ailleurs la Livrée (*Bombyx neustria*). Elle ne s'accommode pas seulement des feuilles des arbres fruitiers ; elle vit très bien des feuilles d'orme, de saule, et de celles de différents autres arbres, autour des petites branches desquels j'ai trouvé les bracelets. »

Les jeunes chenilles qui vivent en commun, se réunissent sur les troncs d'arbres ou à l'aisselle des branches, la nuit et le matin ; elles se dispersent pendant le jour.

Mais au-dessus de ces ennemis des arbres, il faut placer les *Processionnaires*, qui causent dans nos forêts et dans nos bois d'incalculables ravages, qui dépouillent les végétaux de leurs feuilles « absolument comme si les fameuses sauterelles d'Egypte y avaient passé. »

Les *Processionnaires* sont ainsi nommés parce que les chenilles sortent le soir en *procession* du nid soyeux qu'elles se sont filé en commun. « Elles vont toujours en espèce de *procession*, dit Réaumur, aussi les ai-je nommées des *processionnaires* ou des *évolutionnaires*. »

Le Processionnaire du chêne (*Bombyx processionea*) paraît dans le mois d'août et dans le mois de septembre : Ce papillon, couvert de poils bruns sous l'abdomen, a les ailes grisâtres nuancées de bleu d'une teinte indéterminée. La femelle pond sur l'écorce des chênes des masses variant entre cent cinquante et deux cents œufs qui sont soigneusement recouverts des longs poils dont elle se dépouille. La chenille, d'un gris bleuâtre, porte une toison de poils longs, raides, piquants, d'une finesse excessive ; elle a, sur la ligne médiane du dos des raies transversales et de petits tubercules rougeâtres.

De toutes les républiques de chenilles, celles du Bombyx processionnaire sont les plus nombreuses ; chacune d'elles en forme pourtant qu'une famille, née d'un seul papillon ; mais c'est une famille nombreuse qui compte souvent six cents, sept cents et même huit cents membres.

Ces chenilles vivent en commun ; elles mangent ensembles,

se reposent ensemble, et se filent ensemble une toile pour se mettre toutes à couvert, ce qui leur permet de rester encore réunies sous la forme de chrysalide. Pendant qu'elles sont jeunes, elles n'ont point d'établissement fixe et on les voit camper successivement en différents endroits du chêne sur lequel elles sont nées; elles s'y font des toiles de grosse bourre d'un gris jaunâtre, sous lesquelles elles demeurent quelque temps et qu'elles abandonnent quand elles ont changé de peau, pour s'empresser d'en aller filer d'autres ailleurs.

Parvenues aux deux tiers de leur grandeur, ce qui arrive au commencement de juin, elles se construisent une habitation fixe qu'elles n'abandonnent que lorsqu'elles sont devenues des papillons; elles se rendent toutes dans ce nid dont elles ne sortent que le soir, et toujours dans un ordre régulier et invariable.

Appliqués contre les troncs des chênes, quelquefois tout près de terre, ces nids forment une boursouflure qui ressemble grossièrement aux nœuds qui existent sur ces arbres. Il y en a qui ont plus de cinquante centimètres de longueur, sur vingt centimètres de largeur. Les chenilles ménagent tout au haut de la toile une ouverture qui sert de porte d'entrée et de sortie.

Mais voyons comment elles organisent leurs processions : Une chenille marche devant; elle est suivie de deux, placées côte à côte pour former la seconde file; trois, rangées dans le même ordre, forment la troisième ligne, quatre la quatrième, cinq la cinquième, etc... en augmentant toujours chaque file d'une unité, ce qui donne à la colonne dévorante, la forme d'un énorme triangle dont rien ne saurait arrêter la marche. Si un obstacle se présente, on tente de le surmonter; si l'on tombe dans une tranchée, les rangs, un moment dérangés, se reforment aussitôt.

Lorsque les feuilles d'un arbre sont dévorées, elles passent à un second, puis à un troisième; quand cette nourriture vient à manquer, elles sortent de la forêt, se répandent dans les vergers, dans les jardins, dans les champs, franchissent les haies, les murs, rampant, grouillant, s'agitant, conservant leur rang de combat, et ne laissant derrière elle que ruine et dévastation.

« Je crois, dit l'illustre historien des insectes, qu'il y a une très parfaite égalité entre les habitants de cette république; ils marchent pourtant ayant un chef à leur tête, et ils suivent ses mouvements avec autant d'exactitude qu'ils pourraient faire s'ils l'eussent choisi pour conducteur, après avoir reconnu sa capacité. L'heure de sortir du nid étant venue, il y a une chenille qui se met en marche la première; une autre la suit, et toutes suivent à la file. Ce n'est pas seulement en sortant de leur nid qu'elles suivent la première qui s'est mise en marche; elles la suivent de même tant qu'elle est en mouvement; elles s'arrêtent toutes quand elle s'arrête; elles attendent pour marcher qu'elle se remette en route. »

« C'est un vrai spectacle pour qui aime l'histoire naturelle que de se trouver, dans les jours chauds d'été, vers le coucher du soleil, dans un bois où il y a plusieurs nids de nos processionnaires sur des arbres peu éloignés les uns des autres. Quand le soleil est près de se coucher, on en voit sortir une de quelque nid par l'ouverture qui est à la partie supérieure et qui suffirait à peine à en laisser sortir deux de front. Dès qu'elle est sortie, elle est suivie à la file par plusieurs autres; arrivée environ à deux pieds du nid, tantôt plus près pourtant, et tantôt plus loin, elle fait une pause pendant laquelle celles qui sont dans le nid continuent d'en sortir; elles prennent leur rang, le bataillon se forme; enfin la conductrice marche, et tout la suit. Ce qui se passe dans ce nid se passe dans tous les nids des environs; on les voit tous se vider à la fois, l'heure est venue où les chenilles doivent aller chercher de la nourriture, où elles doivent aller ronger les feuilles du chêne. Ainsi, c'est pendant la nuit qu'elles se promènent, qu'elles mangent; pendant le jour, et surtout pendant les jours chauds, elles se tiennent en repos dans leurs nids. »

Nous avons dit que dans le premier âge, jusqu'à la troisième mue, elles changent constamment de domicile. Ce n'est que lorsqu'approche le temps de la métamorphose qu'elles songent à faire un nid solide dans lequel elles deviennent chrysalides. Pour se préparer à cette laborieuse opération, elles se filent, chacune en particulier, une coque; elles joignent tous leurs poils à la soie qu'elles emploient pour le former; et, si dans ce moment, on déchire une de ces enveloppes, on ne reconnaît plus la chenille absolument nue qui s'y trouve renfermé.

Il est presque impossible à l'homme et aux animaux de

séjourner longtemps dans un canton infesté de processionnaires ; les poils, que le vent dissémine, s'introduisent dans l'organisme et causent des inflammations violentes.

« Ceux, dit Réaumur, qui peuvent avoir pris quelque envie d'observer ces républiques de chenilles, et surtout leurs nids, auraient à se plaindre de moi, si je n'avertissais que ce n'est qu'avec précaution qu'on doit défaire les nids, surtout lorsqu'ils sont remplis de gâteaux de coques, et surtout encore lorsque les papillons sont sortis des coques. La première fois que je les observai, il m'arriva d'en trouver une grande quantité ; j'en détachai un bon nombre des arbres ; je les brisai, je les épluchai avec les mains, et ce ne fut qu'après les avoir bien observés que je m'aperçus que je les avais trop maniées. Je sentis à mes mains, au poignet, et principalement entre mes doigts, des démangeaisons cuisantes et qui le devinrent de plus en plus ; peu après, j'en sentis de pareilles en plusieurs endroits du visage, et surtout à l'un de mes yeux, qui, au bout de quelques heures, se trouva dans le même état que si j'y avais eu une fluxion.

« Les poils qui produisent cet effet sont extrêmement fins et légers ; la plus faible agitation de l'air suffit pour les transporter. Ils sont si petits qu'on ne peut les distinguer bien sûrement sur les endroits de la peau où ils ont causé des élévations. Pendant que je défaisais avec ma canne de ces nids qui étaient posés seulement à quelques pieds de hauteur, il est arrivé quelquefois que les environs étaient très éclairés du soleil ; dans ces endroits éclairés, je voyais voltiger des milliers de petits corps, qui étaient pourtant beaucoup plus gros et en plus grand nombre que ceux qu'on voit au milieu des rayons de lumière qui entrent dans une chambre obscure ; c'étaient sans doute les poils courts, ou les fragments de poils dont l'attouchement est capable d'exciter sur la peau des élévations accompagnées de démangeaisons cuisantes. »

Si les forêts de chênes ont leurs processionnaires, les forêts de pins ne sont guère plus épargnées : Le plus mortel ennemi du pin sylvestre est un papillon de nuit, La Noctuelle du Pin (*Trachea piniperda*) souvent désignée sous le nom de Bombyce du Pin (*Bombyx pini*). Son corps est marron, ramassé et couvert de poils ; les ailes inférieures sont brunes ; les ailes supérieures sont grises, et portent deux petits croissants blancs; et en outre, par derrière, une bande jaune assez régulière.

La chenille de cet insecte ne s'attaque qu'au pin sylvestre; et, surtout, aux arbres séculaires qui ont végété dans un terrain sec, sablonneux à une chaude exposition. C'est au milieu du mois de juillet que le papillon fait son apparition; appuyé, pendant le jour, sur le tronc des arbres, il se blottit dans les profondes gerçures de l'écorce quand il fait mauvais temps. Mâles et femelles se mettent en campagne au moment du crépuscule, et vagabondent pendant une grande partie de la nuit. Bientôt arrive le moment de la ponte; chaque femelle produit environ deux cents œufs qu'elle dispose en petits tas d'une cinquantaine, soit dans les fentes de l'écorce, soit parmi les feuilles des branches les plus basses. Au bout de quinze à vingt jours les chenilles sortent des œufs; et, sans plus attendre, se mettent en quête de nourriture.

« Quelquefois, dit M. De la Blanchère, si nombreuses que les branches plient sous leurs poids, ces chenilles dévorent ainsi jusqu'aux premiers froids, nuit et jour, sans relâche, sans trêve, passant d'un arbre à un autre. Quand elles ont tout épuisé autour d'elles — et il faut à chacune d'elles un millier de feuilles pour arriver à toute sa croissance, — alors que les mauvais temps approchent, où que l'époque de leurs mues successives arrive, elles descendent des arbres et vont, en octobre et novembre, s'enterrer sous la mousse, le lichen ou le gazon qui couvrent le sol, et là, elles restent dans un trou creusé à la surface du sol qui ne les recouvre pas entièrement. Elles y passent l'hiver engourdies, pour recommencer au printemps suivant, en mars ou avril, suivant qu'il fait beau. Alors elles remontent sur les pins et mangent non seulement les aiguilles, mais encore les jeunes pousses, et tout ce qu'elles peuvent attaquer. Vers la fin de juin, elles sont arrivées à toute leur croissance et représentent alors une grosse chenille poilue, blanche, marquée de jaune. Elles se métamorphosent en chrysalides dans une coque blanchâtre en soie assez serrée, et qui, dès lors, fait paraître la cime des arbres comme couverte de neige. Vingt jours après, le papillon sort.

» Rien ne peut donner mieux une idée de la prodigieuse quantité de ces animaux que l'expérience suivante : Douée d'une appétit insatiable, chaque chenille a bientôt épuisé la branche, chaque myriade a bientôt épuisé son canton. Il faut chercher ailleurs le vivre indispensable. — On descend de table et on émigre. — Mais l'homme est là; pendant que l'on mange le premier service, il envoie ses ouvriers; on creuse un fossé autour de la partie attaquée, on travaille jour et nuit pour être prêt à la fin de ce premier service, car de là dépend le succès. — Or ces fossés ont quarante à cinquante centimètres de profondeur et sont quelquefois d'un énorme développement; n'importe, le salut de la forêt en dépend.

» Plus de feuilles, il faut descendre; une première descend, une seconde, un mille, cent mille se mettent en marche. On arrive au fossé, on y tombe, et bientôt il est tellement rempli de chenilles que les dernières arrivées peuvent le franchir aussi aisément que si elles étaient sur le sol uni! Heureusement les forestiers surveillent. Les pelles, les balais les rejettent dans la fortification protectrice, et elles y meurent faute d'aliment. »

L'homme est impuissant à combattre de pareils fléaux que l'intervention des oiseaux et des mouches ichneumones ne peut qu'atténuer.

Le Bombyce moine ou Nonnette (*Bombyx monacha* ou *Liparis monacha*) presque aussi dangereux que l'espèce précédente ne s'attaque pas seulement au pin sylvestre, mais encore à l'épicéa, au chêne, au bouleau et à beaucoup d'autres arbres et arbustes. Les traces de son passage sont faciles à constater.

Le Bombyce pudibon (*Orgya pudibunda*) habituellement peu nuisible, dévasta en 1848, plus de quinze cents hectares de forêts!... Partout où ses innombrables bataillons s'étaient déployés, les arbres étaient complètement dépouillés de leur verdure; des cantons entiers étaient dévastés en quelques instants. Les chenilles de cette colonne infernale mortes sur place, faute de nourriture, couvraient le sol d'une couche qui atteignait, en certains endroits, douze centimètres d'épaisseur. Ces myriades de corps en putréfaction répandaient une odeur infecte et faisaient craindre l'invasion d'un fléau plus redoutable encore!

CHAPITRE III

A la lisière du bois. — Le Rossignol. — Son arrivée. — Son chant. —
Les lieux qu'il préfère. — Son nid. — Sa couvée. — Éducation des
jeunes. — Sinistre histoire. — Les Fauvettes. — La Fauvette de
muraille. — La Fauvette de jardins. — La Fauvette grisette. — La
Fauvette à tête noire. — La Fauvette babillarde. — La Fauvette d'hiver
ou traîne-buisson.

Passons en revue quelques-uns des soldats de la gracieuse
milice que la nature oppose aux armées dévastatrices des
insectes. Les oiseaux sont de merveilleux instruments d'élimi-
nation qui, sous les apparences de la liberté et du caprice fonc-
tionnent avec une admirable précision, et que l'on est sûr de
rencontrer partout où leur présence est nécessaire.

Suivons la lisière des bois : Ils sont tous au poste de combat
qui leur a été assigné ; leur chant s'élève de tous les points de
la campagne ; la voix éclatante du rossignol domine cet
harmonieux concert.

Le ROSSIGNOL (*Luscinia*) a le dessus du corps d'un brun roux,
le plumage inférieur d'un gris blanc ; les côtés et les cuisses
sont gris ; les couvertures inférieures de la queue sont d'un
blanc roussâtre ; le bec est brun foncé en dessus et gris brun en
dessous ; la base en est de couleur chair de même que les
jambes, les pieds et les ongles. Sans nous arrêter aux différentes étymologies qui ont été données du nom de cet oiseau,
nous remarquerons que tout est plus ou moins roux dans son
plumage ; et, sans doute, il est inutile de chercher ailleurs
la dénomination de *rossignol*. Dans certaines contrées la femelle
est appelée *rossignolette* et les petits *rossignolets*.

Les rossignols nous arrivent à l'époque où l'aubépine commence à se couvrir de feuilles : C'est dans le courant du mois
d'avril, tantôt plus tôt, tantôt plus tard qu'on entend tout à
coup vibrer, dans le silence du soir, la voix incomparable du

chantre de la création. La puissance en est si extraordinaire qu'elle remplit une sphère de seize cents mètres de rayon.

« C'est moins encore, dit Bechstein, la force que l'étendue, la flexibilité la prodigieuse variété, l'harmonie enfin de cette voix, qui la rend précieuse à toute oreille sensible au beau. Tantôt traînant des minutes entières une strophe composée seulement de deux ou trois tons mélancoliques, il la commence à demi voix, s'élevant, par le plus superbe crescendo, au plus haut degré d'intensité, la finit en mourant ; tantôt, c'est une suite rapide de sons plus éclatants, terminée, comme beaucoup d'autres couplets de sa chanson, par quelques tons détachés d'un accord ascendant. On peut compter jusqu'à vingt-quatre strophes ou couplets différents dans le chant d'un rossignol, sans y comprendre les petites variations fines et délicates. »

« D'autres oiseaux chanteurs, dit Buffon, se font écouter avec plaisir quand le rossignol se tait. Les uns ont d'aussi beaux sons, les autres ont le timbre aussi pur et plus doux ; d'autres, des tours de gosier aussi flatteurs. Mais il n'en est pas un seul que le rossignol n'efface par la réunion complète de ces talents divers et par la prodigieuse variété de son ramage, en sorte que la chanson de chacun de ces oiseaux, prise dans toute son étendue, n'est qu'un couplet de celle du rossignol. Le rossignol charme toujours et ne se répète jamais, du moins, jamais servilement. S'il redit quelque passage, ce passage est animé d'un accent nouveau, embelli par de nouveaux agréments. Il réussit dans tous les genres et rend toutes les expressions, il saisit tous les caractères, et, de plus il sait en augmenter l'effet par les contrastes. Ce coryphée du printemps se prépare-t-il à chanter l'hymne de la nature, il commence par un prélude timide, par des sons faibles, presque indécis, comme s'il voulait essayer son instrument. Mais ensuite, il s'anime par degrés, il s'échauffe, et bientôt déploie dans toute sa plénitude, toutes les ressources de son incomparable organe : Coups de gosier éclatants, batteries vives et légères, fusées de chant où la netteté est égale à la volubilité, roulades précipitées, brillantes et rapides, articulées avec force et même avec une dureté de bons goût ; sons enchanteurs et pénétrants, vrais soupirs d'amour et de volupté, qui semblent sortir du cœur et fait palpiter tous les cœurs. »

Le rossignol affectionne particulièrement les lieux frais et ombragés, les jeunes taillis situés sur le bord des prairies ou des terres cultivées, les broussailles, les buissons touffus, les jardins un peu négligés. Chaque couple travaille à la construction d'un nid vers la fin du mois d'avril. Ils le placent tout près de terre, dans des broussailles, sur une touffe d'herbes, dans les haies épaisses, dans les fourrés impénétrables d'un taillis, au pied d'une charmille.

Ce nid, généralement exposé au levant, est composé à l'extérieur de fibres de plantes, de petites racines entrelacées, de racines de graminées et de feuilles sèches; il est chaudement matelassé à l'intérieur de bourre et de poils d'animaux. La femelle y dépose quatre ou cinq œufs d'un brun verdâtre, dont les chiens, les chats, les renards, les fouines et d'autres animaux sont avides.

C'est surtout pendant l'incubation, qui dure de seize à dix-huit jours, que le mâle déploie tout le charme de sa voix. Il se tient tout près du nid et ne s'en éloigne que pour aller chercher la pâture de sa compagne. Même par les temps de pluies torentielles, qui imposent silence aux autres oiseaux, notre virtuose, tout ruisselant sous la feuillée, poursuit vaillamment sa chanson.

La femelle ne quitte guère son nid qu'une fois par jour, vers le soir, pour quêter elle-même quelque nourriture, et agiter un peu ses pauvres membres endoloris; on la voit alors voleter autour de sa couvée, allonger les ailes et les pattes, lisser ses plumes; et, ne s'interrompre que pour saisir au vol quelques insectes qui passent à sa portée.

Les rossignols ont grand soin de leur postérité : les parents veillent à l'éducation des jeunes avec la plus tendre sollicitude. Le père leur apprend à chanter; les petits élèves l'écoutent avec beaucoup d'attention et de docilité, et répètent ensuite leur leçon; il aime éperdument sa compagne; il a pour elle les soins les plus assidus; en un mot, il semble tout sacrifier aux douces joies de la famille.

On dit communément, et c'est un adage populaire, que le rossignol ne chante plus quand ses petits sont éclos. Distrait par la préoccupation de chercher la nourriture à leur convenance et de la leur apporter, il chante, en effet, beaucoup moins, mais il chante encore. Ce n'est qu'après la seconde couvée qu'on cesse d'entendre son brillant ramage : A ces chants si variés, si

mélodieux, à son hymne au printemps, succède une voix rauque
et monotone, qui est moins un chant qu'une sorte de croassement.

Nous avons dit que ces oiseaux se plaisent dans les lieux
écartés et paisibles ; ils préfèrent le voisinage d'une colline ou
d'un ruisseau ; et, surtout les endroits où se rencontre un écho.
C'est là que le mâle se plaît à chanter ; il coupe son ramage par
des pauses pour s'écouter et se répondre ; on croirait qu'il sait
ce que valent ses talents ; il se plaît à chanter quand les autres
se taisent.

Rien ne l'anime tant que la solitude, le calme de la nuit,
et le silence de la nature :

> « Sur l'azur plus pâle des cieux
> « Le crépuscule étend son voile,
> « Des bergers la bleuâtre étoile
> « Pare son front silencieux.
> « Des oiseaux le peuple sonore
> « Suspend ses concerts éclatants ;
> « Seul, un rossignol, chante encore,
> « De ceux qu'un précoce printemps
> « Pour vos plaisirs a fait éclore. » (1)

« Lorsque, dit Châteaubriand, les premiers silences de la
nuit et les derniers murmures du jour luttent sur les côteaux,
au bord des fleuves, dans les bois et dans les vallées ; lorsque
les forêts se taisent par degré, que pas une feuille, pas une
mousse ne soupire, que la lune est dans le ciel, que l'oreille
de l'homme est attentive, le premier chantre de la création
entonne ses hymnes à l'Éternel. D'abord il frappe l'écho des
brillants éclats du plaisir ; le désordre est dans ses chants ; il
saute du grave à l'aigu, du doux au fort, il fait des pauses ;
il est lent, il est vif ; c'est un cœur que la joie enivre. Mais tout
à coup la voix tombe, l'oiseau se tait. Il recommence. Que ses
accents son changés ! Quelle tendre mélodie ! tantôt ce sont
des modulations languissantes, quoique variées ; tantôt, c'est
un air un peu monotone, comme celui de ces vieilles romances
françaises, chefs-d'œuvre de simplicité et de mélancolie.

Le chant est aussi souvent la marque de la tristesse que de la
joie : l'oiseau qui a perdu ses petits chante encore ; c'est encore
l'air du temps du bonheur qu'il redit ; car il n'en sait qu'un ;
mais, par un coup de son art, le musicien n'a fait que chan-

(1) Mᵐᵉ A. Tastu.

ger la clef, et la cantate du plaisir est devenue la complainte de la douleur. »

Mais le rossignol n'a pas été créé seulement pour chanter le printemps et les fleurs ; et si nous l'envisageons au point de vue de son utilité pratique, nous verrons qu'il fait une consommation effrayante de chenilles, de petits coléoptères et de papillons. Il mérite donc a plus d'un titre notre protection ; et ceux qui seraient tentés de ne pas respecter le musicien admirable de nos bois, respecteront peut-être l'humble auxiliaire de l'agriculture. Dans quelques pays on recherche le rossignol comme gibier ; et on le chasse pour le manger ce qui, à nos yeux, constitue un acte de barbarie condamnable qu'on ne saurait trop flétrir.

Dans la mythologie, on rattache l'origine du rossignol à l'un des plus sinistres drames des temps fabuleux : Son nom de *Philomèle* rappelle l'histoire sanglante de la fille de Pandion, roi d'Athènes. Cette malheureuse princesse à qui son beau-frère, Térée, avait fait subir les plus indignes traitements, résolut de s'en venger, mais, on lui fit couper la langue et on la plongea dans un cachot. Ne pouvant révéler de vive voix ses infortunes, elle retraça sur une toile tout ce qu'elle avait souffert, et parvint à faire remettre cette toile à sa sœur Progné, femme de Térée. Progné se mit à la tête d'une troupe de femmes, délivra la pauvre mutilée ; et, dans un mouvement de farouche délire, elle immole Itys, son propre fils, organise un grand festin, et sert les membres de l'enfant à son indigne époux. A la fin du repas, la mère coupable jette sur la table, devant Térée, la tête du jeune Itys ; et lorsque, ivre de fureur, il voulut se précipiter sur elle, il se trouva changé en épervier. Progné fut transformée en hirondelle. Itys en faisan, et Philomèle en rossignol qui a le privilège d'émouvoir à jamais, sous cette forme, l'humanité du récit de ses douleurs. Depuis cette époque l'épervier poursuit inutilement l'hirondelle et le rossignol qui échappent à ses serres, la première, par la rapidité de son vol ; l'autre, par l'obscurité de sa solitude.

A côté du rossignol, il faut placer les *fauvettes* qui, dès les premiers jours du printemps, animent les bois, par leurs mouvements, et les égayent par leurs chants. Leur voix n'a pas l'étendue et l'ampleur de celle du rossignol ; mais, elle est douce, harmonieuse et variée ; et, pour remplir consciencieusement la tâche économique que la nature leur a imposée, elles volent continuellement, avec la plus grande légèreté, à la poursuite des insectes. Les unes ont une prédilection marquée pour la solitude des bois; les autres se plaisent dans nos jardins; il en est qui se cachent dans les roseaux, d'autres qui préfèrent les prairies. Toutes sont vives, remuantes, toutes ont l'accent de la gaîté; toutes aussi ont le plumage terne et sombre, humble livrée qui s'harmonise admirablement avec les habitudes laborieuses de ces oiseaux.

Le genre fauvette est extrêmement nombreux, et les espèces qui le composent diffèrent beaucoup entre elles par leurs habitudes. Aussi les distingue-t-on en *Fauvettes riveraines* ou *Rousserolles*, et en *Fauvettes sylvaines* ou *Fauvettes* proprement dites. C'est de ces dernières, seulement, que nous devons nous occuper.

Nous rangerons dans cette catégorie la *Fauvette de muraille*, ou *Rossignol de muraille*, (*Sylvia phœnicura*) qui a certains rapports avec le rossignol ordinaire et qui niche fréquemment dans les bois. Albin et Belon, lui ont donné le nom de *rougequeue;* on l'appelle encore, suivant les pays, *hoche-queue*, ou *cul-rouge*. Cet oiseau a le front blanc; la base du bec, les joues, la gorge et le devant du cou sont noirs; le plumage du dos est cendré; celui du ventre est roux; le bec, les jambes, les pieds et les ongles sont noirs.

Le rossignol de muraille arrive au printemps comme la plupart des oiseau du même genre; on le nomme ainsi, parce qu'il aime à s'établir sur le faîte des vieux bâtiments où il fait entendre son chant bien accentué, agréable et mélancolique; mais on le rencontre aussi dans le plus épais des forêts; il adopte alors quelque vieil arbre, et il niche dans les trous qu'il y trouve. Son vol est très léger; toutes les fois qu'il se pose, il agite la queue horizontalement, par trémoussements, et pousse en même temps un petit cri particulier.

La ponte est de cinq ou six œufs bleuâtres : Pendant tout le temps de l'incubation, le mâle, placé sur un point élevé dominant le nid, fait entendre son chant, principalement le matin et le soir. Comme cet oiseau est d'un naturel sauvage, il se cache le plus possible pour prendre ses repas et construire son nid; il lui arrive même d'abandonner sa couvée lorsqu'une personne s'en est approchée de trop près.

Le type des FAUVETTES VRAIS est la FAUVETTE DES JARDINS, (*Sylvia hortensis* ou *Curruca orphea*) appelée aussi *grande fauvette;* elle est presque de la taille du rossignol.

Ces oiseaux paraissent en grand nombre au printemps, dans les champs, dans les vergers, à la lisière des bois, mais particulièrement dans les jardins. On les y voit s'ébattre, agacer leurs compagnons, les poursuivre dans le feuillage, à travers les arbustes et les tiges des plantes, et ces attaques légères, ces combats innocents, se terminent toujours par une petite chanson, comme si nos mignonnes fauvettes voulaient protester de leurs intentions pacifiques.

Le nid est grossièrement composé de quelques brins de paille ou d'herbe sèche et garni de crin à l'intérieur; la femelle y dépose cinq œufs qu'elle couve avec le plus grand soin, mais qu'elle abandonne lorsqu'on les a touchés. Le mâle partage avec sa compagne le soin de l'incubation; et, tout le temps qu'il n'emploie pas à couver ou à chasser, il le passe auprès d'elle et cherche à l'égayer par son chant, qui est très varié, mais moins éclatant que celui de la fauvette à tête noire.

La FAUVETTE GRISETTE (*Sylvia cinerea*) doit son nom à sa couleur cendrée; elle est très répandue dans toute l'Europe. Son chant, moins beau que celui de la plupart de ses congénères, plaît cependant par son excessive volubilité. Sans cesse en activité, on la voit voltiger de branche en branche, courrir de buisson en buisson, tourbillonner au-dessus des haies pour y pénétrer ensuite avec agilité.

Son nid, moins soigné encore que celui de l'espèce précédente, est composé de petits brins de gramen et de paille; il est garni à l'intérieur de flocons de laine ou du duvet de quelques plantes. Elle le place dans les haies peu élevées, sur le bord des routes, dans les touffes de ronces qui croissent aux rebords des fossés; dans les épines qui embarrassent la lisière des bois.

Cet oiseau est la *passerine* des Provençaux qui considèrent sa chair comme un met excellent.

La FAUVETTE A TÊTE NOIRE (*Sylvia atricapilla*) doit son nom au plumage d'un beau noir qui orne le dessus de sa tête; le dos est d'un brun teinté d'olivâtre; l'abdomen est gris blanchâtre; le bec est brun; les pieds sont couleur de plomb et les ongles noirs. Ces couleurs sont celles du mâle; la femelle a le dessus de la tête d'un marron clair.

De toutes les fauvettes, c'est celle qui a le chant le plus agréable, le plus soutenu, le plus doux et le plus mélodieux; il approche de celui du rossignol, sans en avoir les notes puissantes et sonores, et nous en jouissons beaucoup plus longtemps. Elle habite les bois, les parcs, les vergers, les taillis, et place son nid à peu de distance de terre, dans les buissons de houx, de genièvre, d'églantier ou d'aubépine. La ponte est de quatre ou cinq œufs tachetés de brun clair sur un fond verdâtre que les parents couvent alternativement. Ils prodiguent à leurs petits les soins les plus tendres, et quand ils sont menacés par un ennemi, ils cherchent à détourner son attention en traînant l'aile et feignant eux-mêmes d'être blessés. Quand, par cette ruse innocente, ils pensent avoir écarté le danger, ils reviennent joyeux auprès de leur progéniture en prenant une route détournée.

La Fauvette babillarde (*Sylvia curruca* ou *curruca garrula*) très répandue partout doit son nom à son babil continuel, très monotone, peu étendu et sans cesse répété. Toujours en mouvement, elle voltige continuellement sur le bord des chemins, autour des buissons; elle aime les taillis et les endroits fourrés, où, dans ses chasses continuelles, elle poursuit sans trêve ni merci les insectes dont elle fait sa nourriture.

Comme la grisette, elle s'élève d'un vol court en pirouettant, retombe presque aussitôt, et pénètre sous la feuillée avec la rapidité de la flèche; et, pendant ces évolutions, elle ne cesse de faire entendre un chant fort vif, gai mais peu soutenu. Cachée dans l'épaisseur du buisson, elle a un autre accent, sorte de sifflement très fort pour un si petit oiseau. Elle fait son nid près de terre, souvent dans une touffe d'herbes engagée dans les épines ou dans les ronces; les œufs sont verdâtres pointillés de brun.

Voici encore une échenilleuse que nous aurions tort d'oublier : C'est la Fauvette d'hiver (*Accentor modularis*) désignée sous les noms de *Passe-buse, mouchet, traîne-buisson*, etc. Cette fauvette n'émigre point; et, c'est à tort qu'on a prétendu qu'elle nous arrivait ne automne. A cette époque, elle quitte le sommet des arbres pour se réfugier dans l'épaisseur des taillis ou des haies, et cette particularité lui a valu son nom

de *traîne-buisson*. Quand cet oiseau ne trouve plus d'insectes,
il s'approche des lieux où l'on bat le grain; la nécessité
l'oblige à absorber cette nourriture qui n'est guère à sa convenance; et, c'est de cette habitude qu'on l'a appelé *grattepaille*

CHAPITRE IV

Invasions des insectes. — Comment ces invasions sont combattues. — Les
ennemis des chenilles. — Les Ichneumonides. — Le Calosome sycophante.
— Une larve gourmande. — Les cicindèles. — Cicindèle champêtre. —
Cicindèle hybride. — Cicindèle sylvatique. — Insectes à odeur de rose.
— Les Carabes. — Le Carabe doré. — Le Carabe aux grains de cha-
pelet. — Le Carabe à chaînettes. — Différentes espèces de Carabes. —
Leur utilité. — Le hanneton. — Métamorphoses. — Les ravages causés
par les hannetons. — Auxiliaires.

Chaque plante nourrit une ou plusieurs espèces d'insectes; et
nous avons vu avec quelle effrayante rapidité les espèces mal-
faisantes se multiplient sur les arbres de nos forêts et de nos
bois. Heureusement, chaque insecte a son ennemi, quelquefois
même de nombreux ennemis; et c'est ainsi que l'équilibre existe
et que toutes les richesses du sol ne sont pas anéanties. Production sans cesse renouvelée, extermination continuelle, tels
sont les moyens employés par la Providence pour la transfor-
mation ininterrompue de la matière.

Cependant il arrive qu'à certaines époques, et pour des
causes qui échappent le plus souvent à notre sagacité, des
espèces nuisibles prennent un développement inaccoutumé et
envahissent des contrées entières : C'est encore la nature, plus
forte que l'homme, qui seule a la puissance de faire rentrer
dans le niveau commun, ces dérangements momentanés des
grandes lois de l'équilibre.

« Suivant la grandeur d'un arbre, dit Gloger, il suffit ordinairement de deux, trois, quatre ou cinq mille chenilles au

plus, pour se dégarnir de son feuillage et pour le faire mourir quelquefois dès la première année. Si donc, pour une cause quelconque, l'éclosion de ces chenilles réussit complètement pendant plusieurs années, les forêts courent les plus grands dangers.

« Dans la province de l'est de la Prusse, il a fallu abattre dans les forêts de l'Etat, plus de trois millions de toises cubes de bois de sapin, contrairement à toutes les règles d'exploitation forestières, car la plupart étaient encore trop jeunes. Cette triste mesure était indispensable, parce que les arbres dépourvus de leurs feuilles aciculaires allaient dépérir. En même temps, l'abondance du bois mis ainsi tout à coup en vente, en fit baisser le prix de plus de moitié. »

Il arrive parfois qu'un chêne, plusieurs fois séculaire, se trouve à la merci de milliers de chenilles, sans compter la multitude innombrable des autres insectes réfugiés sous son écorce ou dans les cavités du tronc et des branches ; il faut donc opposer à ces invasions une force bien puissante pour que nos forêts ne soient pas anéanties.

« Quand la nature a rendu certains genres d'animaux prodigieusement féconds, dit Réaumur, elle a pris soin, en même temps, d'empêcher que, malgré leur fécondité, ils ne se multipliassent pas trop ; elle a produit d'autres animaux pour les détruire. C'est ainsi que les chenilles sont destinées à nourrir quantité de grands et de petits animaux. Elles ont un prodigieux nombre d'ennemis ; les uns les mangent toutes entières et n'en font qu'une bouchée ; les autres les hachent, les rongent ; d'autres les sucent peu à peu et ne les font pas moins périr. Quelque grand que soit le nombre de leurs destructeurs, on le trouve peut-être encore trop petit lorsqu'on voit qu'elles mangent nos légumes, qu'elles dépouillent de leurs feuilles les arbres et les arbrisseaux de nos jardins et de nos campagnes. »

Les oiseaux occupent un rang très important parmi les défenseurs de nos richesses végétales puisqu'on a calculé qu'une seule mésange bleue ne détruit pas moins de 200.000 insectes dans une année ; elle peut, en un jour, manger 10.000 œufs de papillon. Un observateur a calculé qu'un couple de ces oiseaux avait, dans une journée, exterminé pour une famille de dix petits, âgés de six jours, environ 1.200 insectes dont 400 chenilles.

Réaumur avait constaté, il y a longtemps, qu'un couple de moineaux ayant des petits à nourrir, avait détruit 3.360 chenilles en une semaine.

Mais, malgré la fameuse maxime, « Les loups ne se mangent pas entre eux », c'est parmi les insectes qu'il faut chercher les plus grands destructeurs d'insectes.

Toutes les larves ne sont pas faites pour consommer des feuilles, et il en existe qui ne trouvent pas de mets préférable à la chair des chenilles : Les unes fixées sur la victime la percent et la sucent; d'autres vivent dans le corps même de l'insecte, sans qu'aucun signe extérieur décèle leur présence.

Observez, dans votre jardin, les chenilles qui vivent sur les choux, vous verrez très certainement, s'appuyer sur le corps de quelques-unes de petites mouches, appartenant à la grande famille des *Ichneumonides*, dont la nature a fait le contre poids qui, en bien des cas, sauve l'homme de la famine. La plupart de ces insectes, dont l'influence est prépondérante, sont d'une excessive petitesse, d'une ténuité incroyable; mais, heureusement, leurs légions sont innombrables; on en trouve dans tous les pays ; et partout, jouant leur rôle de protectrices, elles viennent au secours de l'agriculture.

Regardez attentivement les petites mouches ichneumones; elles s'arrêtent, font sortir de l'extrémité postérieure de leur abdomen un aiguillon très fin et presque aussi long que leur corps; elles l'enfoncent dans le corps de la chenille; il y disparaît tout entier; elles le retirent pour l'enfoncer dans un autre endroit, et à chaque fois elles déposent un œuf qu'une douce chaleur fera bientôt éclore. Dès que la petite larve sera sortie de l'œuf, elle trouvera autour d'elle une nourriture convenable, qu'elle n'aura qu'à sucer ou ronger, et qui n'est autre chose que la propre substance de la chenille.

« On voit, dit un naturaliste, les femelles des Ichneumonides, toujours en mouvement, parcourir les feuilles, les plantes ; elles vont, viennent, courent avec une vivacité singulière, agitant vivement leurs antennes et furetant entre les feuilles, dans les moindres trous des écorces, partout où elles espèrent faire une heureuse rencontre. Chaque espèce a sa manière spéciale de déposer son œuf dans l'animal où il doit trouver sa nourriture, de l'y enfermer, d'un seul coup, sans hésitation, à l'endroit voulu, juste, et cela avec la rapidité de l'éclair. Suivant que l'ichneumon est armé d'une tarière courte ou longue, forte ou faible, courbe ou droite, il va chercher la proie de ses petits jusque sous les écorces, dans la terre, etc., et partout sans la voir, guidé par un admirable instinct; il place son œuf au point précis où il doit être mis. »

Sur vingt-cinq chenilles ouvertes, on n'en trouve guère que deux ou trois qui ne portent pas dans leurs flancs les larves de quelque Ichneumonide. Sur vingt-cinq cocons que vous réunirez, deux ou trois, seulement vous donneront des papillons; une quantité de mouches ichneumones sortiront de tous les autres. Quelques espèces déposent directement leurs œufs dans ceux des papillons.

Mais si la chenille qui fournit un aliment aux larves des Ichneumonides venait à mourir, ces larves périraient elles-mêmes faute d'aliment. Guidées par leur instinct, elles ne portent pas d'atteintes mortelles à leur victime; elles savent épargner les parties essentielles, n'attaquent jamais le long canal qui compose l'œsophage, l'estomac et les intestins. La malheureuse chenille doit vivre; elle peut même, dans certains cas, filer son cocon, jusqu'au jour où il plaît à ses singulières pensionnaires de quitter le garde-manger; alors, elle tombe épuisée.

Ce n'est pas seulement les chenilles ou larves des Lépidoptères qui sont la proie des mouches ichneumones; elles s'attaquent également aux larves des diptères, des hyménoptères, aux pucerons et aux araignées. Chaque printemps voit se renouveler ces luttes gigantesques, ces batailles meurtrières.

Les chenilles ont, parmi les insectes, bien d'autres ennemis que les larves qui vivent dans leur corps; différentes variétés de punaises les transpercent de leurs longues trompes et les sucent tranquillement; mais, ce ne sont pas là leurs plus redoutables adversaires.

Si, par une chaude journée de juin, nous suivons les sentiers tortueux de nos grands bois, nous rencontrerons grimpant contre le tronc des chênes, ou courant sur leurs branches, chassant entre les feuilles, un admirable insecte revêtu d'une armure étincelante où le vert se mêle aux éclats du cuivre et de l'or le plus poli. Son corselet d'un bleu sombre est bordé d'un bleu plus vif; ses élytres brillent de mille reflets; son abdomen est mélangé de noir et de violet; il est monté sur de grandes jambes, sa forme un peu raccourcie a quelque chose de carré; ses antennes sont très mobiles; sa mâchoire est armée de robustes mandibules : C'est le splendide Calosome sycophante (*Calosoma sycophanta*) un des plus terribles destructeurs de chenilles, particulièrement des processionnaires du chêne. Si vous le touchez, il exhale une odeur très forte et très pénétrante; mais il vaut mieux l'observer en liberté. Il marche, il court, il inspecte l'arbre, s'arrête de temps en temps, étrangle une chenille, la rejette, s'empare d'une seconde qu'il laboure de ses griffes puissantes; puis d'une troisième, lui ouvre le corps et se repaît de son cadavre; il sème autour de lui le carnage et la mort. Mais c'est surtout à l'état de larve que ce magnifique carabe rend d'immenses services : Réaumur nous apprend que cette larve, d'un noir lustré va s'établir dans les nids des processionnaires, et devient pour elles un hôte terrible. Il se jette sur elles, les perce de ses robustes mandibules, au grand profit du chêne qu'il débarrasse de ce fléau.

Plusieurs personnes ont délivré de chenilles les arbres de leurs jardins, en y lâchant les féroces sycophantes qu'ils recueillaient dans les bois.

« Un des insectes les plus redoutables pour les chenilles, dit Réaumur, est un ver noir qui a seulement six jambes écailleuses attachées aux trois premiers anneaux. Il devient aussi long et plus gros qu'une chenille de médiocre grandeur; le dessus de son corps est d'un beau noir lustré; il semble que ses anneaux soient écailleux ou crustacés; ils sont pourtant plus mous que les anneaux écailleux. En devant de la tête; il porte deux pinces écailleuses, recourbées en croissant l'une vers l'autre, avec lesquelles il a bientôt percé le ventre d'une chenille; car c'est ordinairement par le ventre qu'il les attaque. La chenille qu'il a une fois percée a beau se donner des mouvements, s'agiter, se tourmenter, marcher; il ne l'abandonne pas jusqu'à ce qu'il l'ait entièrement ou presque entièrement mangée. La plus grosse chenille ne suffit qu'à peine pour le nourrir un jour; il en tue et il en mange plusieurs dans la même journée, quand il les trouve.

» Ces vers très gloutons savent se placer à merveille pour

que la proie ne leur manque pas ; ils savent trouver les nids des processionnaires et s'y établir. Il ne m'est guère arrivé de défaire un nid de ces chenilles où je n'aie rencontré quelques vers de cette espèce, et souvent j'en ai rencontré cinq à six. Là, ils peuvent assurément manger autant qu'ils veulent ; il n'y a pas de jour apparemment où chacun d'eux ne fasse périr un bon nombre de ces chenilles ou de leurs chrysalides, car ils continuent à se tenir dans les nids des processionnaires, après qu'elles se sont métamorphosées en chrysalides. J'ai vu quelquefois les plus gros de ces vers punis de leur gloutonnerie ; lorsqu'elle les avait mis hors d'état de pouvoir se remuer, ils étaient attaqués par d'autres vers de leur espèce, encore jeunes et assez petits, qui leur perçaient le ventre et les mangeaient. Rien ne mettait ces jeunes vers dans la nécessité d'en venir à une telle barbarie ; car ils attaquaient si cruellement leurs camarades dans des temps où les chenilles ne leur manquaient pas. »

Continuons notre promenade à travers les bois : Le sentier s'élargit ; le taillis devient moins épais ; la côte est rapide et les rayons du soleil, réfléchis par un sol calcaire, nous rendent la marche pénible. Quels sont donc ces insectes qui fuient devant nous avec une agilité surprenante ? Ils ne s'éloignent cependant pas assez vite, les malheureux : En voici un, en voici deux ; ils sont d'un beau vert-pré ; on dirait que leurs élytres ait été parsemées de petites gouttelettes d'or pâle. Quel aspect belliqueux ! Ils nous saisissent les doigts avec les mandibules aiguës dont leur grosse tête est armée. Il s'exhale de leur corps une suave odeur de rose : Ce sont des *Cicindèles*.

Ces carnassiers aux longues pattes, à la taille élancée sont d'excellents chasseurs d'insectes ; et, il est curieux de voir avec quelle avidité ils poursuivent et massacrent leur proie. Ils ont bientôt, à l'aide de leurs fortes mâchoires, détachés les ailes et les pattes de leur ennemi ; et ils sucent avec avidité l'intérieur du corps de la victime.

On rencontre fréquemment à la lisière de nos bois la Cicindèle champêtre (*Cicindela campestris*) espèce que nous venons de décrire ; la Cicindèle hybride (*Cicindela hybrida*) plus localisée dans les lieux secs et sablonneux, remarquable par ses élytres d'un vert terne avec des bandes et un croissant blanc ; la Cicindèle sylvatique (*Cicindela sylvatica*) plus grande, et qui se distingue en outre par ses étuis bruns, également ornés de bande et de points blancs.

Ces bienfaisants carnassiers qui concourent d'une manière si efficace à la protection de nos bois, étaient appelés par Linné les Tigres des insectes.

Tous les carabes sont utiles; leur nourriture est essentiellement animale : insectes de toutes sortes, chenilles, larves, limaces, vers de terre, leur assurent constamment une table abondamment pourvue.

Est-ce encore un calosome, ce bel insecte qui court entre les herbes à la poursuite de quelque proie? Non, celui-ci a le corps plus allongé que le destructeur de chenilles; ce n'est pas, non plus une cicindèle, elles n'atteignent jamais cette dimension.

C'est un superbe CARABE DORÉ (*carabus auratus*) remarquable par sa force, son agilité, ses formes élégantes, l'éclat des riches couleurs métalliques qui resplendissent sur ses étuis. Et puis, si nous l'examinons de plus près, nous verrons que ce dernier, admirablement organisé pour courir, est essentiellement terrestre et manque d'ailes sous ses élytres.

Ce carabe a la tête et le corselet d'un beau vert doré du plus vif éclat; ses étuis creusés de trois larges sillons présentent des côtés assez saillants; ses pattes et ses antennes sont de couleur fauve; son abdomen est d'un noir verdâtre, un peu doré. Comme tous les autres insectes de son genre, il laisse échapper par la bouche, quand on le saisit, une salive brune, à odeur désagréable, qui s'imprègne fortement dans les doigts; et, en outre, il lance, par l'extrémité de l'abdomen, un liquide très caustique qui, lorsqu'il atteint la figure cause quelquefois une vive douleur. Ce sont, avec ses pinces robustes, les armes que la nature lui a données. Il est connu à la campagne sous es noms de *jardinière*, *couturière*, *sergent*, *vinaigrier*.

Plusieurs autres espèces de carabes fréquentent nos champs, nos jardins et nos bois; et, toutes les larves qui vivent de racines n'ont pas de plus formidables ennemis.

Le CARABE AUX GRAINS DE CHAPELET (*Carabus monilis*) porte sur ses élytres d'un vert cuivreux ou violacé, trois séries de points saillants, séparées par des côtes, que l'on a comparées aux grains d'un chapelet.

Le CARABE A CHAINETTES (*Carabus catenulatus*) plus spécial

aux forêts, où il se plaît à se cacher sous la mousse, est noir, avec les bords des élytres bleus ; il est orné de dessins presque semblables à ceux de l'insecte précédant, mais plus serrés, à forme plus courte, qui ont été comparés à de petites chaînes.

Le CARABE POURPRÉ (*Carabus purpurascens*) est plus allongé ; sa robe sombre, couverte de lignes serrées, crénelées, est noire, avec une belle bordure bleue, ou cuivreuse nuancée de violet.

Nous pourrions citer encore le *Carabe embrouillé*, le *Carabe de bois*, le *Carabe ridé*, le *Carabe brillant d'or* etc., et nous aurions tort d'oublier le PROCUSTE CHAGRINÉ (*Procustes coriaceus*) facile à rencontrer sous les tas de fagots. C'est un grand insecte d'un noir mat, aux étuis ponctués, qui ne sort que la nuit ou quand le soleil se cache et qui fait une consommation extraordinaire de limaces et de limaçons.

« Leur nombre et leur voracité, dit M. Fairmaire, en parlant des carabes, permet de les ranger parmi nos plus utiles auxiliaires ; par malheur, il est difficile, a première vue, d'apprécier tous leurs mérites, car étant presque tous nocturnes ou crépusculaires, on ne peut constater les carnages qu'ils commettent sur les insectes et les mollusques qu'ils rencontrent dans leurs courses : mille-pattes, cloportes, fourmis, limaces et colimaçons. Aussi les trouvons-nous souvent écrasés au milieu des chemins par le pied des ignorants et des indifférents, qui n'en comprennent pas l'utilité. Vous verrez même des jardiniers, qui devraient veiller avec tant de soin à leur conservation et à leur multiplication au milieu des cultures, les détruire, sous prétexte que ce sont des insectes malfaisants. Triste préjugé, contre lequel nous ne saurions trop nous élever, en conseillant à tous les amateurs de jardins d'y réunir autant qu'il leur sera possible toutes les espèces de carabes de leurs environs. »

Revenons à notre carabe doré ; il sort des herbes et suit le bord du sentier ; il aperçoit un malheureux hanneton qui s'est laissé tomber de la branche d'un chêne. Est-il bien possible que malgré sa valeur, il s'adresse à une aussi grosse proie ? Il se précipite, renverse le hanneton, lui plante ses griffes dans l'abdomen et fouille avec ses mandibules les entrailles de sa victime. Malgré ses horribles blessures, le hanneton se relève ; il se remet en marche toujours suivi par la *jardi-*

nière dont la tête est enfoncée dans son corps palpitant, et qui continue à le dévorer vivant.

Sans doute le supplice de ce hanneton est terrible; mieux vaudrait pour lui une mort prompte, instantanée; mais le carabe fait de son mieux, et nous devons nous réjouir de son intervention qui nous débarrasse d'un insecte des plus malfaisants.

Le Hanneton (*Melolontha vulgaris*) que nous sommes habitués à nous représenter comme un animal sans défense, servant de jouet aux enfants, est un des plus terrible fléau de l'agriculture.

Ces insectes commencent à paraître vers la fin d'avril; et, au bout de six semaines environ, au commencement du mois de juin, on n'en aperçoit pour ainsi dire plus.

Pendant tout le jour, ils restent accrochés à la partie inférieure des feuilles, où ils sont pour ainsi dire engourdis; ce n'est qu'après le coucher du soleil qu'ils s'agitent, volent en faisant entendre un bourdonnement assez intense produit par le frottement de leurs ailes.

Le hanneton a le vol lourd et il est si peu maître de le diriger qu'il se heurte contre tout ce qu'il rencontre; c'est ce qui a donné lieu au proverbe : « Etourdi comme un hanneton. » Il prend difficilement son essor; avant de s'envoler, il agite ses ailes à plusieurs reprises, soulève ses élytres, gonfle son abdomen pour faire pénétrer dans ses stigmates la plus grande quantité d'air possible.

Ces insectes sont quelquefois si nombreux que, dans l'espace de six semaines, ils peuvent dépouiller de leurs feuilles tous les arbres d'un canton. Mais c'est surtout à l'état de larves qu'ils exercent d'épouvantables ravages.

Chaque femelle dépose vingt ou trente œufs au fond d'un trou qu'elle a pratiqué pendant la nuit, dans une terre légère et fraîchement remuée, ordinairement à une profondeur de dix à vingt centimètres.

Au bout d'un mois naissent de petites larves d'un blanc jaunâtre, munies de pattes et contournées en demi-cercle, qui s'attachent aux racines des plantes, les dévorent et causent ainsi des dégâts irréparables. Ces larves restent trois années sous cette forme; et, les agriculteurs seuls peuvent dire ce qu'elles nous coûtent quand elles arrivent à l'état d'insectes parfaits. Ces *vers blancs* du hanneton sont encore désignés suivant les contrées sous les noms de *turcs, mans, engraisse poules, chiens de terre*, etc...

Pendant l'hiver, ces larves s'en ferment dans le sol, elles remontent au printemps pour changer de peau; et, vers la fin de l'automne de la troisième année, après avoir pris tout leur accroissement, elles s'enfoncent plus profondément encore et se métamorphosent en nymphes. Elles s'enferment à cet effet dans une coque ovalaire dont elles sortent au printemps pour se transformer en hannetons.

Le hanneton est souvent une vraie calamité pour l'agriculture. Vers la fin du dix-septième siècle, les hannetons anéantirent toute la végétation dans une partie de l'Irlande. L'aspect de la campagne était désolé; le mal était si considérable que, pour arrêter la marche envahissante du fléau, les habitants prirent le parti de mettre le feu à une forêt de plusieurs lieues, coupant ainsi toute communication avec la contrée infestée.

En 1868, la multiplication des hannetons a pris, sur plusieurs points de la France, et particulièrement en Normandie, des proportions qui ont jeté l'épouvante dans les campagnes. Ce que les insectes ont causé de ravages, lisait-on dans un journal, est à peine croyable. Dans la plupart des communes, les arbres ont été dépouillés entièrement de leurs feuilles. Le soir, l'air en était encombré à tel point qu'on pouvait à peine circuler. Presque partout des battues ont été organisées et les ramasseurs recevaient de la mairie de quatre à six francs par cent litres de hannetons. A Fontaine-Mallet, près du Hâvre, en quatre jours on a recueilli 4.095 kilogrammes de hannetons. L'instituteur s'est mis à l'œuvre avec ses élèves : 440 kilogrammes de hannetons ont été le fruit de la chasse d'un jeudi. Tous ces insectes ont été voiturés au Hâvre à pleins chariots et jetés à la mer. En beaucoup de localités, on les apportait en si grand nombre aux mairies, qu'on ne savait plus qu'en faire; l'atmosphère en était empestée. A Rouen, en plusieurs endroits, chaque matin on les réunissait par tas, on les couvrait de brindilles, de feuilles sèches, de ronces et d'épines, et l'on y mettait le feu.

Tous nos efforts ne peuvent empêcher cette race maudite de subsister : Nous ne pouvons qu'en tempérer la multiplication

en les pourchassant par tous les moyens en notre pouvoir.
Mais nous devons compter surtout, sur les auxiliaires que la
Providence nous a donnés, depuis le carabe qui butine le long
du sentier, jusqu'aux moineaux, aux pies, aux corbeaux et
aux corneilles.

CHAPITRE V

Les dénicheurs. — La Draine. — Origine de son nom. — Comment elle
construit son nid. — Chant de la Draine. — Les Grives oiseaux de pas-
sage. — La petite grive. — Une excellente musicienne. — Son nid. —
Saoûl comme une grive. — Chasse aux grives. — La Grive chez les
Romains. — La Grive litorne. — La Grive mauvis. — Le merle noir.
— Sa nourriture. — Son nid. — Son chant. — Sa chair.

Il m'est souvent arrivé de rencontrer, dès le mois de Mars,
des troupes d'enfants explorant les taillis et passant particulièrement en revue les vieux chênes dont les branches se couvrent de lichens. Malgré la saison peu avancée, malgré la
bise froide et les gelées nocturnes, leur instinct de dénicheurs s'était déjà éveillés : Ils avaient entendu le chant caractéristique de la *Draine*, qu'ils appellent ordinairement *traie*, et
ils s'étaient mis aussitôt à la recherche de son nid. Les gamins
se transmettent de génération en génération ce dicton populaire
que « jamais la fête de Pâques n'arrive sans que la Draine ait
des petits. »

La Grive viscivore (*Turdus viscivorus*), *grande grive, merle
draine*, est la plus grande de nos espèces indigènes; c'est
un oiseau farouche qui habite de préférence les hauteurs boisées.
Le plumage supérieur est d'un gris brun, plus foncé à la partie
postérieure; le plumage inférieur est d'un blanc jaunâtre, moucheté de larges points noirs; son bec brun est complètement
noir à l'extrémité; ses pieds sont jaunâtres avec les ongles noirs.

Le cri d'alarme *tré*, *tré*, *tré* que fait entendre fréquemment cette grive lui a valu le nom de *Draine* ou *Traie* sous lequel elle est connue de temps immémorial.

La draine, de même que les autres espèces de grives, mange des baies et recherche particulièrement celles du gui, ce qui ne l'empêche pas de dévorer beaucoup d'insectes, de larves, de colimaçons, des vers de toute espèce. Si elle s'attaque aux fruits du génèvrier, du houx, et de l'aubépine, elle est surtout friande de groseilles de cerises et de raisins.

Elle fait son nid sur les arbres les plus chargés de mousses et de lichens, et le place, à une hauteur moyenne, à la bifurcation des grosses branches. Ce nid, dont les dimensions sont très grandes, contribuerait à la trahir, si elle ne savait en harmoniser la couleur avec la teinte des branches qui le supportent. Il est composé, à l'extérieur, de racines et de petites brindilles entrelacées, mélangés de lichens empruntés aux arbres environnants; le fond en est garni de mousse, d'herbes sèches et de fines racines.

Les œufs, dont le nombre varie de quatre à six, sont d'un brun roux, parsemé de taches violettes.

Le chant de la draine se compose de cinq à six phrases, peu différentes les unes des autres, mais formées à peu près exclusivement de notes pleines et flûtées. Ce chant, lourd et triste, emprunte un charme particulier au bruissement mélancolique des jeunes sapins ou au frémissement des feuilles sèches des chênes.

La plupart des espèces de grives sont des oiseaux de passage ; elles vivent dans les pays les plus divers, au milieu des conditions les plus variées ; mais partout elles recherchent les bois. On en trouve en tout temps, dans nos contrées, des couples isolés, et. vers les premiers jours d'octobre, on commence à les voir en grand nombre. Elles arrivent des parties septentrionales de l'Europe où elles ont élevés leurs petits : La draine et la petite grive restent isolées et solitaires ou voyagent par petits groupes ; les autres espèces, au contraire, forment des bandes nombreuses ; quelques-unes ne font que passer dans nos régions qu'elles traversent pour se rendre dans les pays méridionaux. Celles qui nous quittent au printemps retournent vers le nord ; les autres se retirent dans les bois pour y nicher.

La PETITE GRIVE (*Turdus musicus*) est à peu près de la grosseur d'un merle ; son plumage supérieur est d'un gris brun, uniforme ; le plumage inférieur est moucheté de taches noires, plus ou moins foncées, sur un fond d'un blanc jaunâtre ; le bec, blanchâtre à la base est brun ; les pieds et les ongles sont gris brun.

Cet oiseau déploie beaucoup d'art et d'activité pour la construction de son nid ; il l'installe sur les branches les plus basses des arbres ; il recherche de préférence les pommiers et les poiriers sauvages, ou, mieux encore les buissons épais de prunelliers. L'extérieur de l'édifice est composé de mousses, de lichens, de racines filandreuses ; l'intérieur est formé de terre gâchée formant une sorte de carton-pâte lisse et solide. Les œufs, d'une belle couleur bleu de ciel sont au nombre de quatre à six ; ils portent des taches rondes de noir foncé, répandues sur toute la coquille, mais plus compactes vers le gros bout.

La petite grive est, avec le merle et le rossignol, un des chantres les plus délicieux de nos campagnes ; ses accents sonores et vibrants produisent une impression singulière quand ils sont répercutés par les échos des contrées montagneuses. Sa voix pénétrante et fortement accentuée s'étend à plusieurs kilomètres de distance ; son diapason fort élevé, tranche, par son intensité, sur les voix des autres oiseaux, et domine joyeusement leur harmonieux concert. Elle coupe son chant par des intervalles et le fait entendre, quelquefois, pendant une heure entière, perchée au sommet d'un arbre élevé.

Les jeunes grives, conduites par le père et la mère, vont par bandes ; il est rare que plusieurs couvées marchent de compagnie. Ces oiseaux mangent des raisins avec une avidité insatiable ; aussi, sont-ils très gras au temps des vendanges ; c'est ce qui a donné lieu au proverbe populaire : « *Saoûl comme une grive.* » Des chasseurs ont constaté dans les grives une véritable ivresse manifestée par leur vol, pendant leur séjour dans les vignes.

On prend les grives avec différents pièges, notamment avec des lacets de crins de cheval amorcés avec des baies de sorbier, dont elles sont très friandes. Dans certains pays, en Silésie, par exemple, elles sont en si grandes quantité dans les forêts et dans les montagnes, que les habitants en font leur principale nourriture.

Bourgeois nous a laissé la description d'une chasse aux grives qui se pratiquait autrefois en Suisse, dans le canton de Berne, au pied du mont Suchet, dans les villages de Montcherand, Valleyres, l'Abergement et Sergey. Elles se trouvent, disait-il, dans les montagnes, à l'entrée de l'hiver, sans qu'on les y voie arriver, ni qu'on sache d'où elles viennent; elles repartent au printemps, et il n'en reste aucune pendant l'été. Dès que le grand froid est venu, et que les montagnes sont couvertes de neige, elles descendent dans la plaine, ne trouvant plus, sur les sommets élevés, les petits vers, les baies de sorbier et d'aubépine qui font leur nourriture. Quoiqu'elles soient déjà de bonne qualité à leur arrivée dans la plaine, « elles n'acquièrent ce degré de perfection et ce fumet exquis qu'elles ont bientôt après, que quand la terre est gelée ou que la neige vient à couvrir la campagne, et qu'elles sont obligées de se nourrir de baies de génèvrier, dont le pays est couvert, et qui les engraissent beaucoup. La chasse qui se fait alors par des compagnies de chassseurs, est très curieuse « et attire chaque année des étrangers de considération. » Elle se pratique au moyens de grands filets de soixante pieds de longueur, environ, sur quinze pieds de hauteur. Ils sont composés de trois toiles, dont les deux extérieures sont formées par des mailles de six pouces de diamètre; les mailles de la toile du milieu, dont l'étendue est le double de celle des deux autres, n'ont qu'un pouce de diamètre. Chaque groupe de chasseurs possède une quinzaine de ces filets qu'ils tendent, avec deux perches croisée plantées en terre perpendiculairement au sol, et des cordages, à la lisière d'un bois de haute futaie.

Les chasseurs vont alors jusqu'à une demi-lieue de leurs filets, rabattre les grives, réunies en vols innombrables, et perchées sur les arbres. Les uns marchent pour les faire partir du côté des pièges; les autres se tiennent sur les côtés pour les empêcher de s'écarter. Si, en chemin, elles rencontrent des arbres sur lesquelles elles se perchent, on les fait partir comme la première fois et on continue de les faire avancer jusqu'à une centaine de pas des filets. Là, d'autres chasseurs postés en embuscade derrière les buissons et armés de frondes, lancent des pierres par dessus le vol pour faire abaisser les grives à la hauteur des filets contre lesquels elles s'élancent avec rapidité, effrayées par le sifflement des pierres qu'elles prennent pour des oiseaux de proie. Elles passent, sans difficulté, au travers de la première toile et s'élancent contre celle du milieu, pour passer de même; mais les mailles plus étroites les arrêtent; et, comme le filet est fort lâche, elles le font pénétrer au travers des mailles de la toile opposée, où elles se trouvent arrêtées comme dans une espèce de poche dont elles ne peuvent se débarrasser parce qu'elles poussent toujours en avant. Parfois elles sont si nombreuses qu'une seule compagnie de chasseurs en prend jusqu'à cent douzaines par jour. Pour que la chasse soit fructueuse, il faut un temps sec, froid et serein; si le temps est couvert, ou si le vent souffle du midi, elles n'obéissent point à la fronde, s'élèvent en l'air à l'approche des filets et frustrent l'espérance des chasseurs.

La grive constitue un met fort délicat; aussi Martial lui a-t-il donné le premier rang parmi les oiseaux, comme il l'a donné au lièvre parmi les quadrupèdes; et, il faut avouer que son nom éveille plutôt une idée de gourmandise qu'une idée d'art musical.

Les anciens habitants de Rome faisaient figurer les grives, pour une part considérable, dans ces volières immenses qui étaient une dépendance obligée des somptueuses demeures des riches patriciens. Là, ils réunissaient et engraissaient, pour la table, les oiseaux les plus rares ou les plus succulents qui entraient dans la composition de ces plats extraordinaires dont l'histoire nous a conservé la relation.

« Ces sortes de grivières, dit Buffon, étaient des pavillons voûtés; la porte en était très basse; ils avaient peu de fenêtres et tournées de manière qu'elles ne laissaient voir aux grives prisonnières, ni la campagne, ni les oiseaux sauvages voyageant en liberté, ni rien de tout ce qui aurait pu renouveler leurs regrets et les empêcher d'engraisser. Il ne faut pas que des esclaves voient trop clair; on ne leur laissait de jour que pour distinguer les choses destinées à satisfaire leurs besoins. On les nourrissait de millet et d'une espèce de pâtée faite avec des figues broyées et de la farine, outre cela de baies de lentisques, de myrte, de lierre, en un mot, de tout ce qui pouvait rendre leur chair succulente. Vingt jours avant de les prendre pour manger, on augmentait leur ordinaire et on le rendait meilleur : on poussait l'attention jusqu'à faire passer dans un petit réduit les grives bonnes à prendre, et on ne les prenait, en effet, qu'après avoir bien refermé la communication, afin d'éviter tout ce qui aurait pu inquiéter et faire maigrir celles qui restaient. »

La GRIVE LITORNE (*Turdus pilaris*) ressemble par la grandeur et l'aspect à la femelle du merle, avec cette différence que le plumage de la poitrine et des côtés est jaunâtre, tacheté de noir ; la gorge, l'abdomen et le dessous des ailes sont blancs ; les jambes et les pieds sont d'un brun noir ; le bec est jaunâtre avec une tache noire au bout ; on distingue, à l'angle de l'œil, quelques poils noirs et raides qui ont mérité à cet oiseau la dénomination de *pilaris*.

Les litornes arrivent chez nous, par troupes, vers la fin de novembre ; elles s'enfoncent peu dans les forêts préférant les friches et les terres humides. Elles vivent de vers, d'alise, de baies de génèvrier qui, souvent, sont leurs seules ressources pendant l'hiver, et communiquent à leur chair une amertume désagréable. Du reste, la litorne est la moins estimée des grives ; sa chair est sèche et coriace. Elle s'apprivoise plus facilement que les autres espèces ; mais, ni son plumage, ni son chant, sont de nature à la faire rechercher des amateurs d'oiseaux.

La GRIVE MAUVIS (*Turdus Iliacus*), *Grivette*, *Grive de vendange*, *Grive des Ardennes*, *Grive champenoise*, est la plus petite du genre ; on la reconnaît aux couvertures du dessous de l'aile qui sont d'un brun rougeâtre ; le plumage supérieur est d'un brun uniforme ; celui de l'abdomen est blanchâtre, tacheté de points noirâtres ; les pieds sont gris, les ongles bruns.

Ces oiseaux ne nichent pas dans notre contrée ; ils arrivent en troupes nombreuses au mois d'octobre et se jettent avec avidité sur les raisins, ce qui, sans doute, ne contribue pas peu à l'exquise délicatesse de leur chair, très appréciée des gourmets.

Voici un oiseau absolument indigène, qui ne déserte jamais son pays natal, que ni le froid, ni la neige ne décident à partir et que tous, nous avons souvent rencontré à la lisière des bois, dans les buissons, dans les haies qui bordent les chemins, dans les parcs et jusque dans les jardins d'une certaine étendue.

Le Merle noir (*Turdus merula*), *Merle ordinaire*, *Merle commun*, est connu dans toutes les contrées de l'Europe. Le merle mâle est, de la tête aux pieds, d'un beau noir de velours qui ne manque pas de distinction. Tout en lui est noir, excepté le bec et le tour des yeux qui sont jaunes. La livrée de sa compagne est bien différente : Le plumage supérieur est brun ; le plumage inférieur, à peu près de la même nuance est moins foncé ; le bec est noirâtre ; les pieds et les ongles sont bruns. Les jeunes merles portent la livrée de leur mère, jusqu'au temps de la première mue.

Le merle vit de baies, d'insectes, de vers ; il aime les bois, fréquente les jardins et les vergers ; il ne voyage point, et s'éloigne peu des lieux où il s'est fixé. Il vit assez solitaire et l'on prétend que c'est de cet amour de la solitude que Varron et Festus ont tiré l'étymologie de son nom latin (*merus*).

Plus robustes que la plupart de nos autres oiseaux indigènes, les merles commencent, bien avant la fin de l'hiver, à préparer les matériaux de leur nid. Chaque couple le construit avec beaucoup d'art : Ils le composent extérieurement de mousse, de rameaux déliés, de menues racines réunies au moyen de terre gâchée qui tient lieu de colle ; le dedans est garni de paille fine, de joncs, de brins d'herbe, de poils, de crins, de laine et d'autres matières molles sur lesquelles les œufs et les petits reposent. C'est sur des buissons ou des arbres bas, dans des fourrés et à hauteur d'homme, à peu près, qu'ils placent leur nid dont la forme ressemble assez à une écuelle. La femelle fait deux ou trois pontes par an, la première de cinq ou six œufs, les autres de quatre, d'un vert bleuâtre, tachetés confusément de couleur de rouille. Elle couve seule ; le mâle lui apporte de la nourriture pendant la durée de l'incubation ; il pourvoit également à celle des petits, dès qu'ils sont nés, et veille, près du nid, pour avertir la couveuse en cas de danger. C'est que la couvée est sans cesse menacée ; elle a pour ennemis le renard et la belette, la couleuvre, les oiseaux de proie notamment le corbeau, le hibou et la pie-grièche.

Le chant du merle est une sorte de sifflement court qu'il répète souvent, surtout le soir et le matin, et qu'il fait entendre plus fréquemment lorsque le temps est couvert ou qu'il tombe une pluie douce ; il ne fait que gazouiller pendant la durée de l'hiver, mais, dès le commencement du printemps, il anime la campagne, et chante aussi beaucoup pendant l'été et jusqu'au milieu de l'automne. Sa voix sonore et forte est plus agréable à entendre dans un bois ou dans une vallée où il y a un écho.

Pris jeune, cet oiseau s'accoutume aisément à la domesticité ; il devient familier et apprend à siffler et à parler : Le mâle seul est doué de ces avantages. On le nourrit de chènevis écrasé, mêlé avec de la mie de pain et du lait caillé ; il mange aussi de la viande crue ou cuite, pourvu qu'elle soit hachée.

La chair du merle constitue un aliment médiocre ; elle est plus délicate lorsqu'il se nourrit de cerises ou de raisins ; mais en hiver, lorsqu'il est réduit à vivre exclusivement de baies de lierre ou de genièvre, elle est amère et désagréable.

Dans les pays méridionaux où il trouve des olives, des baies de myrte, des fruits elle est aussi estimée que celle de la grive.

CHAPITRE VI

Le compère Loriot. — Le Merle d'or. — Description. — Mœurs. — Habitudes. — Un nid curieux. — Utilité des Loriots. — La Huppe. — Etymologie. — Mœurs, habitudes et régime de la Huppe. — Un nid malpropre. — Huppes apprivoisées. — La Bécasse. — Ses pérégrinations nocturnes. — Chasses bizarres. — Un oiseau naïf. — Le nid de la Bécasse. — La chair de cet oiseau. — Dévouement des bécasses pour leurs petits.

Entendez-vous, sous la feuillée, cet oiseau qui vous jette son nom : *Loriot, Loriot, Loriot !*... Relevez vite la tête : Il n'est déjà plus temps ; la voix grave et sonore éclate dans une autre direction et répète ce chant que les gens de la campagne traduisent ainsi : « *Je suis le compère Loriot, qui mange les cerises et laisse les noyaux !*... »

Le LORIOT VULGAIRE (*Oriolus gallbua*) peut être est, dit Mauduyt, le plus bel oiseau de nos contrées, par la justesse des proportions, l'élégance de la forme, l'aisance des mouvements et les couleurs brillantes du vêtement qui, dans certains pays, lui font donner le nom de *Merle d'or*. C'est, en effet, la *Grive dorée* de plusieurs anciens auteurs.

Le loriot est à peu près de la grosseur du merle; mais, avec des ailes plus longues, des pieds mieux proportionnés, un bec moins long et plus fort. Tout son plumage est d'un jaune brillant, en opposition avec le noir foncé des ailes, d'une partie de la queue, et de quelques traits répandus sur différentes parties. Il y a, de chaque côté, une tache noire entre l'œil et le bec; on remarque sous les pennes des ailes un trait blanc et un trait d'un jaune pâle; les deux plumes du milieu de la queue d'abord d'un vert olive sont ensuites noires et terminées par un trait jaune; les plumes latérales sont noires à leur origine et jaunes à l'extrémité; l'œil est rouge; le bec d'un marron rougeâtre; les pieds sont d'un gris bleuâtre et les ongles noirs.

La femelle a le plumage supérieur d'un vert olive, et le plumage inférieur d'un blanc gris, avec des traits bruns; les côtés sont d'un jaune pâle, les couvertures du dessous des ailes et de la queue d'un beau jaune. Les jeunes mâles qui n'ont pas encore mué, portent, à peu près, la livrée de la mère; leurs plumes n'ont tout leur éclat qu'à la seconde où à la troisième mue.

Le loriot est un oiseau de passage qui nous arrive au milieu du printemps et nous quitte dès la fin du mois d'août. Le nom d'*oiseau de la Pentecôte,* sous lequel il est connu en Allemagne, indique à peu près l'époque vers laquelle il fait son apparition. Il passe la mauvaise saison en Afrique, plus particulièrement vers le sud et l'ouest de ce continent. Il paraît éviter, dans nos contrées, les pays de montagnes, où le froid rend plus tardives les substances dont il se nourrit. A son arrivée, il mange des insectes et quelques bais; il y ajoute différentes sortes de fruits à mesure qu'elles mûrissent. Il a, pour les cerises, une prédilection particulière; il les entame sans les détacher, et ne les perce que du côté le plus mûr.

« Le loriot, dit Naumann, est un oiseau défiant, sauvage, qui fuit l'homme, quoiqu'il habite souvent dans son voisinage. Il saute et volète continuellement au milieu des arbres les plus épais; rarement il reste longtemps sur le même arbre, et encore moins sur la même branche. Son agitation incessante le conduit tantôt ici, tantôt là; rarement il se perche sur les buissons peu élevés; plus rarement encore il descend à terre, et il n'y reste que le temps strictement nécessaire pour prendre un insecte, par exemple.

» Il est courageux et querelleur, et se bat continuellement avec ses semblables, comme avec les autres oiseaux. Son vol paraît lourd et bruyant, mais rapide cependant. Comme l'étourneau, il décrit delongues courbes ou une ligne légèrement ondulée. S'il n'a qu'un petit espace à traverser, il le fait en ligne droite, tantôt planant, tantôt battant des ailes. Il aime à voler, à errer de côté et d'autre, et souvent on voit deux de ces oiseaux se poursuivre pendant des quarts d'heures. »

A peine arrivés, les loriots s'occupent de la construction de leur nid. Ils le suspendent gracieusement à la bifurcation de deux petites branches flexibles qui sont incapables de porter le dénicheur. Il est composé, en dehors, de longs brins de paille qui, entortillés par les bouts aux deux branches, et courbés dans l'intervalle, servent de soutien au reste de l'édifice. Cette première assise fait l'effet d'un hamac sur lequel on disposerait ensuite une couchette moëlleuse. Souvent, il est assujetti aux deux branches à l'aide de galons, de fils, de rubans, de brins de laine, de cordelettes, de morceaux d'étoffe recueillis sur les routes, dans les sentiers ou dans les bois. Ce premier plan est couvert de matelas de mousses, de lichens, de laine, de petites tiges d'herbes desséchées, de paille dont les bouts rejetés au dehors sont repliés avec soin, de morceaux de papier, de lambeaux de tissus, perdus par les bergères. On ne saurait mieux comparer ce nid qu'à une coupe fixée entre deux branches dans une certaine étendue de ses bords.

Le fait suivant est rapporté par M. l'abbé Vincelot :

« Nous avons vu ces jours derniers, lisait-on dans un journal de Maine-et-Loire en 1870, un nid de loriot qui avait été enlevé par deux enfants dans un jardin de Sainte-Mélanie. Ce nid, tapissé extérieurement d'images coloriées, représentant des soldats, contient à l'intérieur, sous un réseau de crin, de fil, d'herbes ténues, un bulletin de vote que le pauvre oiseau avait ramassé au moment du plébiscite et dont il avait tiré le meilleur parti possible. »

Rien n'est charmant comme un nid de loriot lorsque la femelle, couchée sur sa couvée, est doucement balancée par le vent, tandis que le mâle au manteau d'or siffle doucement, perché sur un branche voisine. Les œufs, d'un blanc brillant relevé par quelques points gris cendré ou rouge foncé, sont au nombre de quatre ou cinq; et la femelle les couve avec tant d'ardeur qu'il est difficile de les lui faire abandonner. L'incubation est de vingt et un jour.

Le père et la mère défendent vigoureusement la couvée; ils conduisent et surveillent longtemps les jeunes loriots après qu'ils sont en état de voler.

« Je visitai, dit Paessler, un nid dont je venais de chasser la femelle, et pour voir l'intérieur, j'abaissai les branches sur lesquelles il reposait. La femelle poussa un long cri, rauque, un véritable cri de combat, s'élança sur moi, passa tout auprès de mon visage, et se posa sur un arbre, derrière moi. Le mâle accourut : même cri, même tentative de m'éloigner. Les deux parents semblaient avoir pour leur progéniture le même amour. »

J'ai vu, plusieurs fois, des enfants se retirer effrayés devant la courageuse attitude de ces jolis oiseaux.

Le chant, ou plutôt le sifflement du loriot est court; l'oiseau le répète à deux ou trois reprises, et plus fréquemment, mais d'une manière traînante, quand le ciel est couvert, sombre et disposé à la pluie.

Les services que rendent les loriots compensent amplement les dégâts qu'on leur attribue : Les insectes de toutes sortes, particulièrement les bostriches, les chenilles, les papillons, les vers qu'ils détruisent font plus que nous dédommager des cerises qu'ils becquettent.

Voici encore un oiseau dont le ramage doux et grave a des accents particuliers qui tranchent sur le grand concert de la nature comme le sifflement du merle et de la grive, comme le chant du coucou ; ou les roulades du loriot.

Bou-Bou-Bou!... *Bou-Bou-Bou!*... C'est la Huppe vulgaire (*Upupa epops*) qui, courant sur le sol avec une merveilleuse prestesse, mêle sa voix à celle des autres oiseaux, et relève et abaisse la belle aigrette qui couronne sa tête.

La huppe est ainsi nommée des plumes rousses, bordées de noir et disposées sur deux rangs, qui forment le principal ornement de sa tête; quelques auteurs ont prétendu qu'elle devait son nom à son chant ordinaire qu'on peut traduire ainsi : *houp, houp, houp*!!... mais la première de ces étymologies, généralement acceptée, nous parait préférable.

Indépendamment de l'aigrette, le reste de la tête, la gorge, le cou et la poitrine sont d'un gris vineux; le bec est effilé, pointu, un peu courbé et noirâtre; le haut du dos et les petites couvertures des ailes sont d'un gris pur; le bas du dos, les plumes scapulaires, les moyennes et les grandes couvertures des ailes sont variées alternativement par de larges bandes, les unes d'un brun noirâtre, les autres d'un blanc roussâtre; le croupion est blanc, le dessus de la queue presque noir l'abdomen, les côtés, les cuisses et le dessous de la queue son d'un gris blanc et roussâtre; le noir est la couleur dominante sur les grandes plumes des ailes et de la queue, mais elles sont traversées par des taches blanches qui forment cinq zones sur les ailes pliées et une seule sur la queue; les pieds et les ongles son gris plomb.

Cet oiseau arrive dans nos contrées, au printemps, et repart à la fin de l'été ou au commencement de l'automne, pour passer l'hiver dans les pays méridionaux. On voit alors un grand nombre de huppes en Afrique; elles sont surtout communes en Egypte ou la négligence et la malpropreté des habitants met partout à leur portée les immondices qu'elles aiment tant à fouiller.

Ces oiseaux recherchent les prairies, les terres fraîches et arrosées où ils trouvent plus facilement les vers et les insectes dont ils se nourrissent; ils semblent préférer les endroits où les champs cultivés alternent avec des bois de peu d'étendue.

La femelle dépose ses œufs dans des creux d'arbres, dans des fentes de murailles, dans des trous de rochers. Aristote et bien d'autres après lui, ont avancé que le nid de ces oiseaux était composé d'ordures, de fiente de chien et d'excréments humains, et c'est probablement d'après ces indications qui se sont transmises jusqu'à nous, qu'on a appelé la huppe, *pupu*, *Coq puant*. Cette croyance est entièrement erronée; il est bien vrai que la demeure de la jeune famille répand une odeur nauséabonde, mais cette odeur provient des excréments des petits mêlés aux débris d'insectes qui, ont servi à leur nourriture, et que les parents laissent s'accumuler avec une négligence qu'on ne rencontre pas chez les autres oiseaux.

*Oiseaux et insectes.*3

La huppe est un oiseau, méfiant que tout effraye; à chaque instant elle se cache sous le feuillage, fait entendre sa voix ronflante et exécute les mouvements les plus singuliers. Elle rend de véritables services à l'agriculture en détruisant des sauterelles, des hannetons, des chenilles, des fourmis, des courtilières et des limaçons. Lorsqu'elle veut manger un insecte, elle le tue et le froisse à coups de bec, alors elle le jete en l'air de manière à pouvoir le saisir et l'avale dans le sens de la longueur; s'il tombe en travers, elle recommence.

Les jeunes huppes s'élèvent facilement, sans beaucoup de soins, en les nourrissant de viande crue; elles deviennent bientôt très familières et sont susceptible d'attachement. Il n'est pas, non plus, impossible d'apprivoiser les adultes qui ont été capturées.

« J'ai eu occasion, dit Guéneau de Montbeillard, de voir un de ces oiseaux qui avait été pris au filet, étant déjà vieux ou du moins adulte, et qui, par conséquent, avait les habitudes de la nature; son attachement pour la personne qui le soignait était devenu très fort et même exclusif; il ne paraissait content que lorsqu'il était seul avec elle. S'il survenait des étrangers, c'est alors que sa huppe se relevait par un effet de surprise ou d'inquiétude, et il allait se réfugier sur le ciel d'un lit qui se trouvait dans la même chambre; quelquefois il s'enhardissait jusqu'à descendre de son asile, mais c'était pour voler droit à sa maîtresse; il était occupé uniquement de cette maîtresse chérie et ne semblait voir qu'elle; il avait deux voix fort différentes; l'une plus douce, plus intérieure, qui semblait se former dans le siège même du sentiment, et qu'il adressait à la personne aimée; l'autre plus aigre et plus perçante, qui exprimait la colère ou l'effroi. Jamais on ne le tenait en cage ni le jour ni la nuit, et il avait toute licence de courir dans la maison; cependant, quoique les fenêtres fussent souvent ouvertes, il ne montra jamais, étant dans son assiette ordinaire, la moindre envie de s'échapper, et sa passion pour la liberté fut toujours moins forte que son attachement. A la fin, toutefois, il s'échappa, mais ce fut un effet de la crainte, passion d'autant plus impérieuse chez les animaux qu'elle tient de plus près au désir inné de leur propre conservation. Il s'envola donc un jour qu'il avait été effarouché par l'apparition de quelque objet nouveau, encore s'éloigna-t-il fort peu, et, n'ayant pu regagner son gîte, il se jeta dans la cellule d'une religieuse qui avait laissé sa fenêtre ouverte. Il y trouva la mort parce qu'on ne sut que lui donner à manger; il avait cependant vécu trois ou quatre mois, dans sa première condition, avec un peu de pain et du fromage pour toute nourriture. Une autre huppe a été nourrie pendant dix-huit mois de viande crue; elle l'aimait passionnément et s'élançait pour l'aller prendre dans la main; elle refusait au contraire celle qui était cuite. Gessner en a nourri une avec des œufs durs : Olina avec des vers et du cœur de bœuf ou de mouton, coupé en petites tranches longuettes, ayant à peu près la forme de vers. Ce dernier recommande surtout de ne point renfermer la huppe dans une cage. »

L'oiseau dont nous allons parler ne mêle point sa voix au concert harmonieux des habitants des bois; il garde presque continuellement un mutisme complet; c'est à peine si au printemps, alors que tout est joie et fête, il fait entendre un cri que le mot *crrroû, crrroû...* rend assez imparfaitement.

La Bécasse (*Scol pax rusticola*) est un oiseau de passage dont la physionomie originale présente un caractère tout particulier : Sa tête ronde et grosse, fixée presque sans transition sur un corps épais, est armée d'un bec double de sa longueur. Le nom qui lui est attribué a eu pour but de rappeler cette particularité remarquable. Le roux, le noir et le cendré lui composent un manteau qui ne manque pas de distinction.

Ces oiseaux se retirent pendant l'été sur le haut des montagnes boisées de la Suisse, de la Savoie, des Pyrénées et des Alpes. Ils semblent nous fuir à l'époque où toute une population charmante vient animer la solitude de nos forêts et de nos bois. Dès que le froid se fait sentir, c'est-à-dire vers le milieu du mois d'octobre, ils se répandent dans les plaines, justifiant ainsi ce vieux dicton populaire : « *A la saint Denis, bécasses en tous pays.* »

Les bécasses s'envolent par paires, quelquefois une à une; elles fréquentent les bois humides, les marécages, les bords des ruisseaux, des fontaines, les haies épaisses où elles trouvent les insectes dont elles font leur nourriture; elles ont besoin, de temps en temps, de se laver les pieds et le bec qui se trouvent enduits de terre. Il paraît que l'intensité de la lumière les incommode, car c'est le soir et le matin qu'elles volent pour chercher leur picorée ; aussi est-ce l'heure où on les prend sur la lisière des bois avec des filets ou au bord des ruisseaux avec des lacets.

En Bretagne, on leur fait une chasse des plus singulières : Deux hommes s'embusquent dans les pâturages couverts par les hautes futaies de la forêt, particulièrement dans les endroits où les excréments abandonnés par les animaux supposent la présence de nombreux insectes dont les bécasses sont très friandes : L'un des braconniers porte une lanterne et une toile de filet, en forme de poche, fixé à l'extrémité d'un long manche ; l'autre agite une de ces sonnettes qu'on attache au cou des vaches, et dont le tintement monotone a pour but de donner le change aux oiseaux qui se laissent approcher d'assez près pour être enveloppés dans les mailles du filet.

Cette chasse suppose de la part de l'oiseau qui en est la victime une assez forte dose de naïveté ; mais, il faut avouer que la bécasse est, ainsi que l'avance Belon, « une moult grosse bête, » si l'on en a quelquefois, comme il le raconte, capturé au moyen du procédé suivant : Un homme couvert d'une cape, couleur feuilles mortes, marche courbé sur deux courtes béquilles ; il s'approche doucement, s'arrêtant lorsque la bécasse le regarde et continuant d'aller lorsqu'elle s'éloigne, jusqu'à ce qu'il la voit la tête basse, se préparant à saisir quelque insecte ; alors il frappe doucement ses deux bâtons l'un contre l'autre ; « la bécasse s'y amusera et affolera tellement que le chasseur l'approchera d'assez près pour lui passer un lacet au cou. » Voilà ce que Belon appelle « *folâtrerie.* »

Les bécasses se tiennent cachées pendant le jour et voyagent pendant la nuit, surtout par les temps de brouillards ; et lorsqu'au mois de mars elles regagnent les hauteurs, elles partent appariées.

Celles qui restent dans notre pays nichent dans les bois ; elles placent leur nid sur le sol et le composent d'herbes sèches et de petits brins de bois ; elles l'appuient contre un tronc d'arbre, auprès d'un tas de fagots ou sur une grosse racine ; leurs œufs, au nombre de quatre ou cinq, un peu plus gros que ceux du pigeon, sont oblongs ; la coquille est de couleur rouge pâle bigarrée d'ondes et de taches plus foncées. Le père et la mère prennent également soin des petits. Pendant l'incubation, le mâle demeure souvent couché près de sa compagne, et on peut les voir se passer réciproquement leur bec sur le dos l'un de l'autre, ce qui est, sans doute, chez les oiseaux, une marque de tendresse. Les petits quittent le nid peu de temps après être éclos.

Si le vol de la bécasse paraît rapide, il n'est ni élevé, ni soutenu ; elle bat des ailes avec bruit en partant, file ou fait le crochet, suivant le lieu d'où elle s'est levée, s'abat bientôt comme une masse abandonnée à son poids ; après sa chute, elle trotte a terre avec une grande vitesse, et est déja bien loin du chasseur quand il l'aperçoit.

La chair de cet oiseau est très recherchée des gourmets qui ont recours à toutes les inventions de l'art culinaire pour en augmenter le fumet. Il paraît que la bécasse n'était pas moins appréciée il y a trois siècles : « C'est a bon droit, dit Belon, qu'en la cuisant tout ce qu'on réserve de meilleur pour lui faire de la saulse est ce qu'on jecte ès autres oyseaux, sçavoir est, ses excréments avec les trippes. »

« Nous avons constaté, dit M. l'abbé Vincelot, que la bécasse niche dans les forêts, dans les taillis, et que, d'un autre côté, elle quitte chaque fois ces forêts, ces taillis, pour aller, plus ou moins loin, chercher sa nourriture dans les lieux humides ou près des petits cours d'eau. Dès lors se présente une sérieuse et très grave difficulté : Comment cet oiseau pourra-t-il procurer à ses petits une nourriture abondante, s'il est condamné à multiplier des courses très longues, et par conséquent très fatigantes, pour apporter un grand nombre de fois des vers, des insectes capturés à des distances considérables ? Il a donc fallu que la bécasse fut douée d'un instinct qui lui permît de résoudre ce problème. Dieu n'a pas manqué à son œuvre, et il a inspiré à cet oiseau un véritable dévouement pour ses petits. Chaque soir donc, le père et la mère de la jeune famille vont à la recherche d'un lieu offrant de grandes ressources en insectes et en vers de toute espèce ; puis, quand ils ont trouvé cette mine féconde, ils reviennent rapidement près de leurs petits, et commencent aussitôt le déménagement de la jeune famille ; le père et la mère se mettent à l'œuvre, et transportent leurs petits près des ressources découvertes ; là ils peuvent leur procurer une nourriture abondante sans s'exposer à des courses multipliées et très pénibles. Puis, quand le véritable repas de la journée est terminé, les parents transportent une seconde fois leur progéniture dans le berceau. Le transfert de la jeune famille est un fait certain, dont la nécessité s'explique par l'impossibilité où se trouveraient les bécasses de nourrir leurs petits, s'il n'avait pas lieu. Comment s'exécute-t-il? Là est la difficulté. Les anciens auteurs prétendaient que la bécasse se servait de son bec pour emporter ses petits; ce moyen est peu admissible. D'autres ont affirmé avec pas plus de raison qu'elle les emportait sur son dos. Des naturalistes ont affirmé avoir vu des mères transporter leurs petits avec le secours de leurs pattes, et enfin d'autres ont constaté que la bécasse opérait le déménagement de la jeune famille en serrant les oisillons entre sa gorge et son bec. Le père et la mère ont recours aux mêmes moyens pour éloigner pendant le jour leur jeune famille du danger qui la menace. »

CHAPITRE VII

Partout des ennemis. — Le cerf-volant. — Préjugés. — Le Capricorne. — Une larve comestible. — Les Buprestes. — Les Scolytes. — L'hylésine. — L'hylurgue. — L'hylaste. — Le Bostriche typographe. — Le Bostriche chalcographe. — Travaux prodigieux des Bostriches. — Les Rynchites. — Diverses espèces de charançons. — Les hylobies. — Le Pissode. — Différentes sortes de longicornes.

Pendant que, dans la forêt, les oiseaux chantent et travaillent, les insectes continuent silencieusement leur œuvre de destruction. Que nous visitions les feuilles ou les bourgeons, que nous soulevions l'écorce, ou bien encore que, armés d'une hache, nous poussions nos investigations jusqu'au cœur des troncs en apparence les plus vigoureux, nous rencontrons partout les traces indélébiles que l'action lente et persévérante de l'insecte laisse après elle. Après les chenilles dont nous avons constaté les affreux ravages, viennent de nombreux coléoptères; chaque espèce est armée suivant la consistance de la substance dans laquelle elle est appelée à vivre, et tant qu'il restera une parcelle de matière, végétale ou animale, il se trouvera un insecte pour la dévorer.

Lorsque les hannetons ont disparu, les enfants de la campagne aiment à poursuivre, le soir, dans les chemins qui longent les bois, un insecte au vol lourd et bourdonnant, dont la larve a vécu pendant quatre ou cinq ans dans le tronc d'un vieux chêne, rongeant, creusant le bois dans tous les sens, et y traçant des galeries de plus d'un centimètre de diamètre.

Le CERF-VOLANT (*Lucanus cervus*) est remarquable par ses énormes mandibules, bifurquées à leur extrémité, qui rappellent grossièrement les ramures du cerf. C'est un des plus gros insectes de notre pays; sa compagne, appelée *biche*, a les cornes moins développées; mais chez le mâle comme chez la femelle, ces robustes appendices, dont l'usage n'est pas bien connu, peuvent pincer jusqu'au sang. Chez les anciens, on suspendait les cornes des cerfs-volant au cou des enfants, pour les préserver des maladies du jeune âge; cet usage ridicule s'est conservé dans certaines de nos campagnes, avec cette croyance non moins bizarre que ces insectes prennent, entre leurs pinces, des charbons incandescents et vont propager les incendies

A l'état adulte, le cerf-volant n'est pas bien nuisible; on le rencontre quelquefois, fixé contre le tronc d'un chêne' suçant avec plaisir le liquide qui suinte de quelque crevasse ou rongeant quelques feuilles; il reste là accroché pendant tout le jour et ne s'envole que le soir. C'est au moment du crépuscule qu'il part, d'un vol lourd, dans une attitude presque verticale, pour ne pas être entraîné par le poids de ses énormes mandibules.

On dit le cerf-volant très friand de miel et l'on **raconte** que Swamerdam avait apprivoisé un de ces insectes qui le suivait partout quand il lui présentait sa nourriture de prédilection.

Les femelles pondent leurs œufs dans le tronc des chênes; et les larves enroulées qui en proviennent ont beaucoup de ressemblance avec celles des hannetons. Vers la fin de la quatrième année, ces larves s'enveloppent dans de grosses coques faites de débris de bois agglutinés, et elles se transforment en nymphe; souvent, après son éclosion, l'adulte passe l'hiver dans cette coque et attend que tous ses ligaments soient parfaitement consolidés.

On croit que c'est la larve du cerf-volant et celle du Capricorne, qui figuraient sous le nom de *ossus*, sur les tables des Romains. Pline dit, en effet, que les meilleurs vers à manger sont les gros vers des chênes.

Voici un autre insecte dont les mœurs sont à peu près les mêmes; il est presque aussi gros que le Lucane, mais son corps est plus allongé, plus svelte, sa forme est plus gracieuse; c'est le GRAND CAPRICORNE (*Cerambyx heros*) facile à reconnaître à sa couleur d'un brun presque noir, à ses longues pattes et à ses grandes antennes noueuses qui, dans le mâle, atteignent les dimensions de la longueur du corps. La larve du capricorne, connue sous le nom de *gros vers du bois*, et quelquefois appelée *Turc* comme celle du hanneton, est à peu près de la même grosseur que celle du cerf-volant; comme cette dernière, elle creuse de larges et profondes galeries dans le tronc des chênes; et, les dégâts sont d'autant plus considérables qu'elle ne s'attaque qu'aux arbres parvenus à toute leur croissance.

Dans cette partie de la forêt où les chênes et les hêtres alternent avec les pins et les épicéas et où toutes les essences semblent s'être donné rendez-vous, nous rencontrons de nombreuses tribus de *Buprestes*.

Les BUPRESTES que les belles couleurs métalliques de certaines espèces ont fait appeler *Richards*, ont des larves sans pattes, ou à pattes très rudimentaires, molles, blanchâtres, qui vivent dans les bois, souvent pendant plusieurs années. Les buprestes ont le corps long et étroit; leur forme rappelle assez celle des taupins ou maréchaux.

Le BUPRESTE DES PINS (*chalcophora mariana*) est une espèce de forte taille qui attaque les pins, surtout dans les Landes; on le rencontre également en Algérie et sur tout le littoral Méditerranéen.

Les femelles du BUPRESTE RUTILANT (*Lampra rutilans*) déposent leurs œufs sous les écorces des ormeaux; les larves y creusent de nombreuses galeries qui s'avancent quelquefois jusqu'au liber et amènent rapidement la mort des arbres attaqués.

Les larves du Bupreste a quatre points (*Anthaxia quadripunctata*) ne se bornent pas à attaquer les branches et les jeunes pousses des pins; elles pénètrent dans le tronc et causent des dégâts considérables.

Encore un joli insecte, le Bupreste bleu (*Agrilus cyanescens*) dont les larves voraces et bien armées parviennent à détruire les chênes, les hêtres et les bouleaux. Le bupreste bleu est la plupart du temps secondé par le Bupreste grêle (*Agrilus tenuis*) dont les ravages ne sont pas moins préjudiciables.

Après les buprestes ce sont les *scolytes* dont les femelles percent l'écorce des arbres sur pied, creusent ces singulières galeries si visibles et si nombreuses sur les bûches, et dans lesquelles elles disséminent leurs œufs. Les scolytes s'attaquent surtout aux arbres déjà affaiblis dont ils ont plus facilement et plus rapidement raison; leurs larves creusent des galeries qui viennent s'embrancher sur la voie principale tracée par la mère comme les rameaux sur le tronc de l'arbre, et chacun de ces petits chemins va s'élargissant à mesure que la larve grossit.

Le Scolyte embrouillé (*Scolytus intricatus*) s'attaque au chêne et quelquefois aux arbres fruitiers; le Scolyte pygmée (*scolytus pygmœus*) qui vit souvent avec la précédente espèce, se rencontre également sur l'orme en compagnie du Scolyte destructeur (*Scolytus destructor*) et leur action combinée amène souvent la perte de cet arbre.

L'Hylésine du frène (*Hylesinus fraxini*) opère au détriment du frène, pendant que l'Hylurgue du pin (*hylurgus pin perda*), l'Hylurgue gate-bois (*hylurgus ligniperda*), l'Hylaste noir (*hylast ater*), s'attaquent aux pins et aux sapins, creusent des galeries sous l'écorce, coupent les jeunes pousses avec autant de netteté que pourraient le faire les cisailles du jardinier.

Voici en quels termes M. H. de la Blanchère s'exprime sur le compte de deux de ces terribles ravageurs de nos arbres forestiers :

« De même que le pin a des insectes parasites attitrés, qui ne se trouvent que sur lui ou dans sa substance seule, de même l'épicéa nourrit son *Bostriche* exclusif : on le nomme le Bostriche typographe (*Bostrichus typographus*), sans doute à cause de la forme particulière des galeries qu'il creuse et qui, quand on écorce l'arbre, apparaissent sur le liber comme des traces de caractères d'imprimerie. Par la forme spéciale de chaque galerie, on peut toujours, à coup sûr, reconnaître le xylophage qui l'a construite. Chacun de ces petits animaux mine toujours dans le même sens et de la même manière. Les bostriches sont plus ou moins gros, plus ou moins brun marron, mais tous sont de petits insectes qui, à première vue, semblent noirs, recouverts d'une espèce de carapace bombée : ils n'ont guère que trois à cinq millimètres de longueur.

» Le Bostriche typographe fait son apparition vers le mois de mai, et s'occupe dès lors à préparer un gîte à ses larves qui sont blanchâtres avec la tête brune et six petites pattes. Il leur faut, comme à l'hylésine, un arbre récemment abattu, encore imbibé de sa sève et de ses sucs, ou bien les bûches supérieures des tas de bois. Il aime tellement les arbres qui remplissent ces conditions, que quand il en tombe un dans la forêt, tous abandonnent les arbres sur pied dans lesquels ils avaient commencé leurs travaux, et, en quelques heures, le nouvel arbre tombé est littéralement criblé par ces insectes.

» Quand le bostriche a trouvé un arbre convenable, il commence, avec ses mandibules, à creuser dans l'écorce un petit trou rond légèrement en pente vers le haut. S'il fait chaud, tout va bien, le petit mineur a terminé en une journée, quelquefois en moins de temps, si l'écorce est mince; mais, si le temps est froid, et, au mois de mai, cela arrive quelquefois, l'insecte a moins de force, moins d'énergie, et met souvent une semaine à percer son trou. Il le place d'ailleurs à une hauteur considérable, sinon dans la cime, au moins à la naissance des grosses branches.

» L'écorce une fois traversée, le bostriche creuse, sur sa face inférieure, une petite chambre où se rencontrent le mâle et la femelle, et qui sert de point de réunion, non seulement à un couple d'insectes, mais quelquefois à trois, quatre ou cinq couples. C'est un salon commun d'où partent les galeries particulières qui se dirigent de haut en bas, — c'est l'envers de l'Hylésine, qui monte de bas en haut, — et dont le nombre dépend de celui des couples d'animaux. Mais le petit architecte ne se borne pas à construire une demeure quelconque, il lui faut de l'air, peut-être même de la lumière. Que fait-il pour cela ? Il munit chacune de ses galeries de deux à cinq trous qui traversent l'écorce tout entière et s'arretent à l'extrême pellicule de l'épiderme extérieur qui fait ainsi l'office d'une vitre, mais d'une vitre perméable à l'air comme un léger tissu de de soie. La femelle alors pond soixante à quatre-vingts petits œufs transparents, blanchâtres, et placés chacun dans une petite entaille. Elle les recouvre de vermoulure formée par le bois qu'elle a travaillé et mangé, puis elle meurt.

» Dix jours après les petites larves sont écloses. Elle se mettent immédiatement à l'œuvre et creusent, toujours dans le liber et l'écorce intérieure, des galeries où elles trouvent le vivre et le couvert. Ces galeries secondaires laissent, quand on écorce l'arbre, leur trace imprimée sur l'aubier. Leur dia-mètre croît comme celui de l'insecte qui les habite, et quand celui-ci est arrivé à toute sa croissance, il se construit une petite chambre où il se métamorphose. Pour donner le temps à ses téguments de se solidifier, il ouvre alors des galeries irrégulières que détruisent la symétrie des premiers ouvrages de toute la famille.

» En somme, c'est merveille de penser que tout cet immense travail d'une génération de Typographes peut s'effectuer en dix ou douze semaines! Aussi le Typographe s'empresse-t-il de pondre de nouveau, et la seconde génération, sans doute à cause des chaudes nuits de l'été, ne met pas plus de huit semaines à s'élever; mais, ces nouveaux individus attendent le printemps suivant pour pondre et passent l'hiver sous la mousse et le mieux cachés qu'ils peuvent dans l'écorce des arbres. Si l'année est défavorable, la première ponte met seize semaines à venir à bien, et il n'y a qu'une génération dans l'année. Il est fort heureux que ces circonstances arrivent souvent, car on s'est assuré que, dans les invasions, un seul arbre contenait plus de vingt-trois mille couples! Que con-tenait donc la forêt? — Pour qui ne l'a pas vu, il est impos-sible de se figurer une telle quantité de petits insectes noirs et grouillants; tout ce que l'on peut dire reste au-dessous de la réalité.

» A côté du Typographe, et toujours son compagnon fidèle, quoique plus petit que lui, — il n'a que deux millimè-tres de long, — se place le BOSTRICHE CHALCOGRAPHE (*Bos-trichus chalcographus*). Ce petit xylophage est aussi nuisible, seulement son travail n'est pas disposé dans le même ordre.

De la chambre commune partent, en rayonnant, au lieu de descendre, cinq ou six galeries principales sur les côtés desquelles la femelle pond ses œufs. Le travail deslarves pénètre souvent jusque dans l'aubier de l'arbre. Combattre l'un de ces ravageurs terribles, c'est combattre l'autre, car le plus petit recherche de préférence les arbres déjà fatalement atteint par le plus gros. Rien n'est, au reste, difficile comme de se rendre compte du moment exact où commence l'invasion, et cela pour deux raisons : La première, c'est que les trous d'introduction se trouvent placés très haut sur l'arbre et sont d'une petitesse qui ne permet pas de les apercevoir; la seconde, c'est que les arbres végètent encore assez longtemps avec leurs mortels ennemis dans les flancs. A mesure que le fléau augmente, les marques du travail des Bostriches deviennent de plus en plus faciles à saisir : les toiles d'araignées qui se trouvent aux pieds des arbres, les mousses, les irrégularités de l'écorce sont saupoudrées d'une fine sciure de bois; les aiguilles de l'arbre tombent, et, comme le feuillage de l'épicéa est fort épais, cette diminution d'ombrage s'estime assez facilement; mais il est déjà trop tard ! Vienne un coup de vent d'ouest, secouant les cimes des grandes forêts, et de son souffle puissant, il va emporter à d'énormes distances des nuées de Bostriches empestant le reste de la contrée! »

Dans les bois, comme dans les champs et dans les jardins, la liste des ennemis n'est jamais épuisée : Voici différentes espèces de *Rhynchites*, charançons couleurs de feuilles, qui s'attaquent au peuplier, au tremble, à l'aulne, au charme, au bouleau et au hêtre.

Voici d'autres charançons à antennes coudées, dont quelques espèces sont revêtues de brillantes couleurs, et qui vivent aux dépens des bourgeons des pins et des hêtres, des noisetiers et des chênes.

L'HYLOBIE DU SAPIN, L'HYLOBIE DU MÉLÈZE, le PISSODE, qui s'attaquent spécialement aux arbres résineux et dont les larves qui s'enfoncent dans le bois des stipes pour le ronger, sont de véritables fléaux forestiers.

Nous avons parlé du grand capricorne noir, et des ravages qu'il commet, mais il convient de rapprocher de cet insecte, toute la famille des *Longicornes*, reconnaissables à la longueur de leurs antennes, et dont les larves, toutes fort nuisibles, vivent dans l'intérieur des végétaux.

Le Prione couvert de cuir, gros insecte qui vit aux dépend du chêne et du hêtre et ne dédaigne pas le cerisier; le *Capricorne à odeur de rose*, qui s'attaque au saule et à l'osier; les *Callidies* qui sillonnent de leurs nombreuses galeries les aulnes et les chênes; les *Clytes* qui perforent le chêne, l'orme, le hêtre, l'érable et le bouleau; les *Rhagies* qui dévastent pins et sapins, peupliers et saules, ormes et tilleuls.

N'oublions pas l'Œstymone édile (*Estymonus edilis*) dont la larve est nuisible aux pins, et dont le mâle adulte porte des antennes deux fois plus longues que son corps. Ces insectes sont tellement embarrassés de ces longs appendices qu'ils ne peuvent voler et se tiennent immobiles sur les stipes des pins.

La Saperde requin porte la ruine dans les plantations des peupliers et des trembles; elle est activement secondée par la Saperde du peuplier, et quelquefois par la saperde à échelons qui s'attaque en outre au bouleau, à l'érable, au cerisier et au poirier.

Arrêtons là cette effrayante énumération, et constatons une fois de plus l'impuissance de l'homme qui ne peut attendre un véritable secours que des agents naturels suscités par la Providence pour l'extermination des espèces nuisibles.

<hr>

CHAPITRE VIII

Les Bons génies des bois. — Les Pouillots. — Le Pouilliot fitis. — Ses habitudes. — Son nid. — Sa couvée. — Le Pouillot siffleur. — Ses habitudes. — Le Rouge-gorge. — Ses habitudes. — L'Oiseau poète. — Le compagnon du bûcheron. — Le Troglodyte mignon. — Sa nourriture. — Ses habitudes. — Son nid. — Le Roitelet huppé. — Le Roitelet à triple bandeau. — Le Roitelet et les Irlandais

Après avoir assisté aux scènes de dévastation que nous venons de décrire; après avoir vu des pins magnifiques, des chênes monstrueux tomber sous la dent meurtrière d'ennemis dont la plupart sont imper ceptibles, on est heureux de pouvoir reposer son esprit sur des tableaux plus consolants.

Parmi les bons génies des bois, on rencontre fréquemment, sautillant au milieu des branches, de petits oiseaux aux allures joyeuses, ressemblant à des fauvettes, et dont le chant se compose de quelques notes flûtées, douces et harmonieuses. Les habitants des campagnes qui les voient toujours en mouvement, poursuivant sans relâche, sous les feuilles, dans les fentes des écorces, les insectes dont ils font leur nourriture, leur ont donné le nom caractéristique de *Frétillets*.

Ce sont les Pouillots qui, après les roitelets et les troglodytes sont les plus petits oiseaux d'Europe. Essentiellement amis des arbres, ils ne descendent sur le sol que lorsque quelque besoin impérieux les y obligent; par exemple pour recueillir les matériaux qui servent à la construction de leur nid; et, chose singulière ce nid est placé très près de terre, le plus souvent sur le sol même, avec lequel il se confond si bien, que parfois les promeneurs écrasent avec le pied la petite demeure du frétillet qu'ils n'ont pas aperçue.

Le petit Pouillot, Pouillot fitis, ou Fauvette fitis (*Sylvia trochilus*) peut être considéré comme le type du genre; il est très répandu et se reconnaît à son dos vert olive, à son ventre blanc, à sa poitrine nuancée de gris jaunâtre; les grandes plumes sont brunes, frangées de verdâtre. Tous les pouillots ont l'œil petit, mais vif; leur tête a un cachet tout particulier d'élégance, de grâce, et en même temps d'espièglerie qui, à première vue, les fait distinguer des fauvettes.

Le pouillot fitis se rencontre partout où il y a des arbres; cependant, il préfère les petits bois aux grandes futaies.

« On le voit, dit Naumann, toujours en mouvement; il glisse au travers des branches, mais en volant bien plus qu'en sautant; il aime à provoquer et à agacer ses semblables et les autres petits oiseaux. Lorsqu'il est posé, sa poitrine est relevée; lorsqu'il saute, il la penche un peu en avant. Rarement, il saute en faisant de grands bonds; à chaque saut il incline la tête de divers côtés. La façon dont il se glisse au travers des branches, dont il voltige, son agitation continuelle, le font bien plus remarquer que les fauvettes. Il a surtout un mouvement singulier de la queue, qu'il abaisse brusquement d'une manière toute particulière : il exécute ce mouvement de temps à autre. Cet oiseau n'est pas craintif; il est au contraire très confiant et ne redoute pas les regards de l'observateur. Il vole d'un buisson ou d'un arbre à un autre, et franchit même de grands espaces. Lorsqu'il n'a qu'une courte distance à franchir, il ne fait que voleter; mais quand il entreprend un voyage plus long, il vole en décrivant une ligne irrégulière, ondulée, à courbes plus ou moins étendues. »

Le nid de cet oiseau est ordinairement placé sous une touffe d'herbes, sous une plante feuillue, sous un tronc d'arbre, tout près de terre, et quelquefois sur le sol; parfois aussi, il est suspendu à des tiges de fougères; et, dit un naturaliste, « on le prendrait facilement pour le nid du rat des moissons. » Les parois très épaisses sont fermées de mousses, de feuilles sèches, de brins d'herbes; il est conique et l'ouverture circulaire est placée sur le côté. L'intérieur est tapissé de plumes; on a observé qu'il renferme presque toujours des plumes de perdrix, et surtout des plumes de poules ou de pigeons.

La femelle du pouillot pond cinq ou six œufs dont le fond blanchâtre disparaît sous une foule de petits points d'un rouge brique. Les petits prennent leur essor vers la fin de mai ou au commencement de juin.

Le Pouillot siffleur (*Sylvia sibilatrix*) plus grand que le précédent, doit son nom à l'habitude qu'il a de siffler de la gorge; son cri qu'on entend souvent dans les hautes branches des futaies est assez semblable à celui du bouvreuil, et sa puissance étonne de la part d'un aussi faible oiseau.

Le siffleur aime à s'établir dans les endroits un peu humides; il place son nid par terre, le plus souvent sur le bord d'un fossé. De la mousse et des feuilles sèches en forment l'extérieur; des plumes et du crin en tapissent l'intérieur. Ce nid ressemble à une grosse boule oblongue ou plutôt à un four de campagne; et dans certaines localités, les enfants appellent le pouillot siffleur « *le petit four*. » Une toute petite ouverture est pratiquée sur le côté du nid le mieux dissimulé, de manière que la partie supérieure s'avance comme un toit et préserve des intempéries la petite famille. Rien n'est plus difficile à trouver que le nid du pouillot; il faut déployer beaucoup de patience, suivre les parents dans tous leurs mouvements, les surprendre, au moment où ils y rentrent, et même on a peine à découvrir le petit domicile qui par sa couleur et sa position se confond absolument avec le sol.

La femelle y dépose cinq ou six œufs d'un blanc rosé pointillé de taches brunes, qui malheureusement deviennent souvent la proie des belettes, des lézards et des couleuvres.

Le s'fleur arrive plus tard que ses congénères; il niche vers la fin de mai et disparaît dès le mois d'août.

Plusieurs autres espèces de pouillots s'établissent dans nos bois ou au bord des étangs; tous sont d'une agilité surprenante, d'une gentillesse remarquable; et, ce qui est mieux, ce sont d'infatigables chasseurs d'insectes.

C'est une charmante créature, toujours gaie et joyeuse, qui se tient là devant nous, le corps droit, les ailes pendantes, la queue horizontale et qui fait retentir son cri d'appel. A son front et à sa poitrine d'un roux jaune vif, nous reconnaissons le Rouge-gorge (*Rubecula familiaris*) connu sous les noms de *gadille*, *godrille*, *rubiett* et *rubeline*. Le voilà qui sautille à travers les branches; il se glisse dans l'épais buisson, et disparaît pour reparaître encore.

Le rouge-gorge est un oiseau solitaire; il arrive au printemps et se répand dans les bois.

« Une fois qu'il s'est établi, dit Brehm, toute la forêt retentit de son chant, qu'il répète souvent, et qu'il lance parfois comme un trille; le premier rayon du soleil est pour lui le signal. On voit à ce moment le mâle perché sur une des plus hautes branches d'un arbre, les ailes pendantes, la gorge gonflée, dans une attitude fière, sérieuse et solennelle, comme s'il remplissait le devoir le plus important de toute sa vie. Il chante beaucoup, surtout le matin et le soir, à l'heure du crépuscule; c'est principalement au printemps qu'il se fait entendre · Souvent aussi il gazouille en automne. »

Ces oiseaux préfèrent les bois qui ont le plus d'étendue; ils recherchent les lieux frais, voisins des eaux, et s'y fixent pour y nicher et y passer l'été.

Ce n'est qu'en juillet et août qu'ils entreprennent leurs migrations et se répandent partout, dans les bois, dans les jardins, dans les vergers.

« A ce moment, dit Naumann, de chaque buisson s'échappe leur chant. On l'entend d'abord près du sol, puis à une élévation de plus en plus grande, jusqu'à ce que l'oiseau ait atteint le sommet de l'arbre. A la nuit close, tout devient silencieux dans la forêt; et c'est alors que le rouge-gorge fait retentir sa voix dans les airs. »

Un peu plus tard, vers le mois d'octobre, ils s'approchen des habitations : Lorsque le froid devient rude et que la terre est couverte de neige, ils viennent avec confiance jusque dans nos demeures y ramasser des mies de pain, des graines et même de petits morceaux de viande; mais leur nourriture ordinaire se compose d'insectes, de vermisseaux, de larves et de quelques baies.

Ceux qui sont dans les bois suivent les bûcherons et recueillent à leurs pieds les miettes qui tombent pendant qu'ils prennent leurs repas; ils deviennent alors hardis et familiers. Au reste, les rouges-gorges sont faciles à apprivoiser, et ils supportent volontiers la perte de leur liberté; on en a entendu chanter le jour même de leur détention; ils peuvent vivre de viande hachée, de mie de pain, de chènevis écrasé.

Ces oiseaux placent leur nid près de terre, sur des herbes capables de le soutenir, au pied des jeunes arbres, et quelquefois immédiatement sur le sol. Ils le composent de mousse entremêlée de crin et de feuilles de chêne, et le garnissent de plumes à l'intérieur. Cinq ou six œufs roux, parsemés de points couleur brique, y trouvent place; le mâle et la femelle se partagent les soins de l'incubation et élèvent les petits avec tendresse.

« Toussenel s'indigne avec raison, dit Michelet, qu'aucun poète n'ait chanté le rouge-gorge. Mais l'oiseau même, est son poète; si l'on pouvait écrire sa petite chanson, elle exprimerait parfaitement l'humble poésie de sa vie. Celui que j'ai chez moi et qui vole dans mon cabinet, faute d'auditeurs de son espèce, se met devant la glace, et sans me déranger, à demi-voix, dit toutes ses pensées au rouge-gorge idéal qui lui apparaît de l'autre côté. En voici le sens à peu près, tel qu'une main de femme a essayé de le noter :

> « Je suis le compagnon
> » Du pauvre bûcheron.
>
> » Je le suis en automne,
> » Au vent des premiers froids,
> » Et c'est moi qui lui donne
> » Le dernier chant des bois.
>
> » Il est triste, et je chante
> » Sous mon deuil mêlé d'or.
> » Dans la brune pesante
> » Je vois l'azur encor.

» Que ce chant te relève
» Et te garde l'espoir!
» Qu'il te berce d'un rêve
» Et te ramène au soir!...

. . . .

» Mais quand vient la gelée,
» Je frappe à ton carreau.
» Il n'est plus de feuillée.
» Prend pitié de l'oiseau!

» C'est ton ami d'automne
» Qui revient près de toi.
» Le ciel, tout m'abandonne.....
» Bûcheron, ouvre-moi!

» Qu'en ce temps de disette,
» Le petit voyageur,
» Régalé d'une miette,
» S'endorme à ta chaleur!

» Je suis le compagnon
» Du pauvre bûcheron. »

Non moins gracieux que le rouge-gorge, et comme lui notre compagnon fidèle, est le TROGLODYTE MIGNON (*Troglodytes parvulus* ou *Troglodytes vulgaris*), confondu ordinairement avec le *Roitelet* dont on lui donne improprement le nom. Il est mieux connu, dans nos campagnes, sous les dénominations de *Robetaud, Roi-Bertaut, Berrichot, Petit-Robert, Petit-Roux*. Son nom de troglodyte indique un oiseau ayant l'habitude de parcourir les fentes, de visiter les crevasses des vieilles murailles, d'inspecter les troncs des arbres vermoulus, pour y saisir les insectes, les larves, les vermisseaux qui ont cherché là un refuge.

Echenilleur infatigable, il surpasse en activité tous les autres oiseaux, et il sait si bien se glisser partout, tourner et retourner les feuilles, trottiner au milieu des bourrées, qu'aucune victime ne saurait échapper à ses investigations.

Le troglodyte est, après le roitelet, le plus petit des oiseaux de nos climats; il a le dessus de la tête, le cou et le dos d'un brun roux, avec des raies transversales noirâtres; le dessous du corps est plus clair et porte des lignes ondulées brun foncé; une ligne brune court du bec au-dessus de l'oreille en passant par l'œil; une autre ligne plus étroite et plus claire se trouve au-dessus de l'œil. Les couvertures moyennes de l'aile sont marquées à leur extrémité de points ronds ou allongés blancs, limités de noir en arrière; les rémiges sont brunes et les cinq premières sont marquées alternativement de noir et de roussâtre; les rectrices sont d'un brun roux, avec des bordures claires et des raies transversales ondulées; l'œil est brun; le bec et les pattes sont d'un gris rougeâtre.

Comme les ailes du roitelet troglodyte sont fort concaves, il ne plane jamais, et fait de courtes volées; toutes ses allures sont des plus gracieuses; il sautille sur le sol ou dans les branches; il glisse, il passe comme une vision; puis, tout à coup, discontinue ses recherches, s'arrête sur un point découvert, prend une posture hardie, les ailes pendantes, la poitrine penchée, la queue relevée verticalement à la manière d'un petit coq; et, alerte et vif, il entonne sa petite chanson qu'il n'interrompt que pour se remettre à courir et à fureter.

Cet oiseau place son nid le long des murs en ruines, recouverts de lierres ou de pampres sauvages, sur le derrière des maisons ou des étables couvertes de chaume, sur les troncs et les vieilles souches, dans les bois, dans les buissons et dans les haies. Il le construit de beaucoup de mousse en dehors; de coton, de laine, de plumes et de crin en dedans; le tout entrelacé de fils d'araignée a la forme d'un œuf dressé sur un de ses bouts; une petite ouverture est ménagée sur le côté pour les entrées et les sorties. L'endroit est toujours parfaitement choisi et caché, et le nid s'harmonise si bien avec tout ce qui l'environne qu'il est fort difficile de le découvrir.

La ponte, qui a lieu au commencement de mai, est de sept ou huit œufs, gros comme des pois chiches, dont la coque est d'un blanc terne, avec une zone de points rougeâtres au gros bout. L'incubation dure de douze à treize jours; le mâle et la femelle couvent alternativement; et quand les petits sont éclos, ils les soignent avec la plus grande tendresse; on les voit continuellement faire de petits voyages pour leur chercher et leur apporter la picorée. Au bout de seize jours environs les jeunes troglodytes qui trottaient déjà sur la mousse et les buissons, commencent à s'envoler sur les arbres voisins du lieu de leur naissance; là, ils sont encore quelque temps l'objet des soins paternels; puis, le développement total des plumes étant arrivé et leur éducation étant terminée, ils se séparent et se dispersent chacun dans la direction qu'il s'est choisie.

Le troglodyte ne souffre pas volontiers un rival dans le petit domaine où il s'est établi; s'il trouve sur ses terre un de ses semblables, la lutte s'engage et dure jusqu'à ce que le vainqueur ait chassé le vaincu.

Dans les temps froids, ils s'approche des lieux habités; il entre incessamment dans les fentes des murs, sous les avances des toits, sous le chaume des habitations rustiques, et il en sort pour y rentrer précipitamment. Quelquefois' même, il pénètre dans l'intérieur des maisons en société de son compagnon le rouge-gorge, avec lequel il vit en bonne intelligence; il se fait entendre soir et matin, se met quelquefois trop en évidence et devient la proie du chat, de la belette, ou encore, ce qui n'est guère plus avantageux pour lui, de quelque cruel enfant.

Dans toute autre saison, surtout en été, en le voit peu, parce qu'il se tient dans les bois où les feuilles le dérobent à notre vue. Apprivoisé, il chante d'une voix agréable et même plus forte et plus sonore que ne semble le comporter un si petit oiseau; sa chanson composée de phrases courtes est formée de notes nombreuses, variées, claires, pleines et harmonieuses; il la répète plus fréquemment à l'approche du froid et des mauvais temps.

« Toute la nature est comme morte et se tait, dit Brehm; les arbres sont dépouillés de leur feuillage; la terre est ensevelie sous un linceul de neige et de glace; toutes les créatures sont silencieuses; seul, le troglodyte, le plus petit de tous les oiseaux, est encore vif et joyeux; toujours il lance sa chanson, comme pour dire : « Le printemps reviendra. »

Parlons maintenant du tout petit oiseau dont le troglodyte a usurpé le nom : Le Roitelet huppé (*Regulus cristatus*) ou Roitelet, proprement dit est le plus petit de tous les oiseaux propres à l'Europe. Sa taille est tellement infime qu'il passe, sans efforts, à travers les mailles de tous les filets, et qu'il s'échappe à travers les barreaux des cages; il est, à peu près, du poids d'un cerf-volant.

Les plumes qui couvrent le sommet de la tête du *petit roi* sont longues, effilées, d'une belle couleur aurore, mais plutôt jaunes que rouges; elles sont accompagnées de chaque côté d'une petite touffe de plumes noires. L'oiseau redresse à volonté cette huppe qui lui forme une couronne éclatante,

Le reste du plumage supérieur est olivâtre mêlé de jaunâtre:
le plumage inférieur est d'un gris roux, se rapprochant, sur
les côtés, de la nuance du dos. Chaque aile porte deux bandes
transversales blanchâtres; les grandes plumes des ailes et de
la queue sont d'un gris brun, avec une bordure blanchâtre à
l'intérieur et olivâtre à l'extérieur. Le bec est effilé et noir; les
pieds et les ongles sont jaunâtres. La huppe de la femelle est
de couleur citron, et elle n'a point de teinte jaune sur le dos.

Malgré sa faiblesse apparente, le roitelet huppé est très
répandu dans toute l'Europe, et jusque dans les parties les
plus septentrionales; il semble même être plus commun dans
nos campagnes pendant la saison rigoureuse, soit que pendant
l'été le feuillage le dérobe à notre vue, soit plutôt qu'il quitte
en hiver les régions de l'extrême nord pour se rapprocher des
contrées plus tempérées.

Ces oiseaux se tiennent ordinairement dans les bois; mais,
ils fréquentent également les parcs, les haies qui limitent les
champs, les charmilles et les jardins : On les voit voltiger de
place en place, grimper le long des branches, s'y suspendre en
tout sens, et chercher, en toute saison, leur nourriture à la
manière du troglodyte. Ils aiment à se percher au sommet des
arbres les plus élevés, principalement des chênes.

Ils nichent dans les bois, quelquefois dans les ifs et dans les
charmilles : Leur nid qui ressemble à celui du troglodyte, est
cependant plus petit; la ponte est de six à sept œufs.

Le Roitelet a triple bandeau (*Regulus ignicapillus*) doit son
nom aux différentes bandes blanches et noires qui sillonnent
sa tête, encadrent sa huppe et forment son diadème. Il a les
mêmes habitudes et les mêmes mœurs que le précédent.

Les Irlandais font une guerre insensée à ces deux char-
mantes espèces de roitelet; et, il s'agit là d'une habitude
bien invétérée puisqu'elle remonte à l'année 1690. Voici comment
on explique cette haine que les siècles ne peuvent effacer :

« La veille de la bataille de la Boyne, un corps d'armée
royaliste du roi Jacques, essaya de surprendre le camp du
prince d'Orange, dont les soldats ayant eu beaucoup à souffrir
de la chaleur du jour, étaient livrés au plus profond sommeil.

» Les Irlandais catholiques s'avançaient en silence, à la
faveur des ombres de la nuit, et allaient surprendre les pro-

testants sans une circonstance encore plus insignifiante que le cri des oies qui apprirent aux Romains l'arrivée des Gaulois.

» Un jeune tambour avait mangé son souper, composé d'un morceau de pain sec dont quelques miettes étaient restés sur la peau de sa caisse auprès de laquelle il s'était endormi; un petit roitelet, qui avait peut-être moins bien soupé que le jeune tambour était sorti d'un buisson pour venir grignoter les miettes laissées sur la caisse.

» Le bruit que fit le petit oiseau en tombant sur la peau qu'il frappait de son bec pour ramasser les débris suffit pour réveiller l'enfant de troupe qui entendit aussitôt la marche des soldats du roi Jacques. Il saisit ses baguettes, frappa à coups redoublés sur son tambour. Les protestants se réveillèrent, formèrent leur rangs et repoussèrent les catholiques dont la journée du lendemain acheva la défaite.

» L'histoire du roitelet se répandit dans les armées; jamais les Irlandais n'ont pu pardonner au roitelet d'avoir sauvé leurs ennemis et donné le sceptre de la Grande-Bretagne aux mains de la reine Marie qui a affermi la suprématie de l'Eglise réformée dans les trois royaumes.

CHAPITRE IX

Un arbre détruit par les insectes. — Un paria. — Le Pic. — Son travail. — Légendes populaires. — L'oiseau de la pluie. — Le Pourvoyeur des moulins — Un oiseau charitable. — Le Pic-Vert. — Ses habitudes. — Son régime. — Son nid. — Le Pic-Epeiche. — Le Torcol ou Tire-Langue. — L'Oiseau Vipère. — Le Grimpereau familier. — La Sitelle ou Torchepot bleu.

Par une chaude après-midi du mois de juin, à l'heure où le soleil est dans toute sa force, je suivais un étroit sentier, tracé au bas d'un coteau à pic, et dont les sinuosités se modelaient sur celle d'une charmante petite rivière. D'un côté s'étageaient des chênes et des noisetiers reliés entre eux par une foule de plantes formant un fourré presque impénétrable; de l'autre, des aulnes touffus plongeaient leurs racines dans la berge du cour d'eau; et, courbant leurs cimes en arceaux venaient marier leur feuillage à celui des chênes. Le sentier se trouvait ainsi couvert d'une sorte de tonnelle naturelle que les rayons du soleil avaient de la peine à percer.

Je marchais, plongé dans une demi obscurité, lorsqu'un bruit singulier qui semblait partir du bois, attira mon attention : C'était un roulement sourd comme celui qu'on pourrait produire en frappant sur une futaille vide ou sur un tambour dont les cordes seraient détendues. Ce bruit, que je cherchais à m'expliquer, paraissait venir d'assez loin : Je fouillais le bois du regard sans rien découvrir; et, j'aillais renoncer à continuer mes recherches, lorsque tout près de moi, presque à la portée de ma main, j'aperçus la cause de ces roulements bizarres.

Il y avait là un chêne privé de ses branches, dont le tronc lui-même n'était plus qu'un squelette se maintenant debout par une mince couche d'aubier et quelques lambeaux d'écorce : Les roulements partaient de ses flancs caverneux.

A environ un mètre cinquante centimètres du sol, un oiseau disparaissait presque complètement dans une des cavités du chêne qu'il frappait intérieurement à grands coups de bec. Aux plumes roides de sa queue, disposées en forme de poignard, je reconnus le *Pic*, cet intrépide travailleur, cet excellent forestier; je devinai qu'il remplissait son robuste estomac, de larves qui n'auraient pas manqué d'infester tous les arbres du bois. Je ne pus cependant résister à la tentation de m'en emparer : Le malheureux était tellement occupé à sa tâche préservatrice, ou étourdi par le bruit que produisaient ses coups de bec, que je puis le saisir, non sans difficulté. Dans les efforts qu'il fit pour se dégager, il perdit quelques plumes; pris de remords et, ne voulant pas priver le bois de son puissant protecteur, je le replaçai dans la crevasse de l'arbre d'où il ressortit quelques minutes plus tard en poussant son cri retentissant : « *Plicu! Plicu! Plicu! Plicu!!...* »

« Dans les calomnies ineptes dont les oiseaux sont l'objet, dit Michelet, nulle ne l'est plus que de dire, comme on a fait, que le pic, qui creuse les arbres, choisit les arbres sains et durs, ceux qui présentent le plus de difficultés et peuvent augmenter son travail. Le bon sens indique assez que le pauvre animal, qui vit de vers et d'insectes, cherche les arbres malades, cariés, qui résistent moins et qui lui promettent, d'ailleurs, une proie plus abondante. La guerre obstinée qu'il fait à ces tribus destructives qui gagneraient les arbres sains, c'est un signalé service qu'il nous rend. L'État lui devrait, sinon des appointements, du moins le titre honorifique de conservateur des forêts. Que fait-on? pour tout salaire, d'ignorants administrateurs ont souvent mis sa tête à prix. »

Les pics recherchent de préférence les grandes forêts; ils fréquentent aussi les bois de moindre étendue; les taillis isolés, les vergers et les jardins. Ces oiseaux ont reçu la laborieuse mission de sonder les arbres, d'en visiter les fissures, d'en inspecter les écorces, d'en interroger les plaies caverneuses pour en extraire la vermine qui les ronge, les tribus d'insectes qui y habitent.

Pour faciliter leur labeur incessant, la Providence les a solidement armées d'un bec droit, carré à sa basse, cannelé dans sa longueur, aplati à la pointe, et, qui est tout à la fois une pioche, une alène et un ciseau. Leur langue, sur laquelle deux glandes déversent une liqueur gluante sur laquelle les fourmis viennent s'attacher est longue, effilée et terminée par une pointe osseuse; le cou pourvu de muscles vigoureux est court et soutient un crâne fortement constitué. Ils ont des jambes nerveuses, des tarses courts en partie emplumés, deux doigts en avant et deux doigt sen arrière pourvus d'ongles noirs, très forts et arqués qui leur permettent de rester des jours entiers cramponés aux branches, dans une attitude incommode appuyés sur une queue roide, longue, cunéiforme, composée de dix plumes tronquées d'inégale longueur.

Ceux qui ne conçoivent le bonheur que dans l'immobilité et le repos, ne pouvaient manquer de voir dans le pic un paria de la nature, condamné aux travaux forcés en expiation de quelques grands crimes :

Les ouvriers Allemands prétendent qu'un boulanger paresseux, âpre au gain, dur au pauvre monde qu'il cherchait à affamer, et qu'il ne se faisait pas faute d'exploiter en vendant à faux poids, fut changé en pic. En punition de ses crimes et des richesses acquises en se reposant pendant que ses victimes étaient au labour, il travaille depuis l'aube jusqu'après le coucher du soleil, et il travaillera toujours ainsi jusqu'au jugement dernier.

« Une vieille légende scandinave, dit l'abbé Vincelot, explique les pérégrinations continuelles, la vie pénible des pics, leurs cris annonçant la pluie, enfin la calotte rouge dont leur tête est ornée. Le pic était, au point de vue des hommes du Nord, un juif-errant, un coupable expiant un grand crime. Voici en abrégé cette légende née dans les forêts de la Norwége, ou les pics sont très nombreux.

» Une vieille femme, nommée Gertrude, avait l'habitude de se coiffer d'un béret rouge, et surtout de rendre la vie si pénible à son mari, que celui-ci, dans sa naïveté, assurait qu'il ne consentirait jamais à aller dans le paradis si sa femme devait s'y trouver. Le brave homme pensait que le cours de sa vie, passée avec une telle mégère, devait lui faire préférer l'enfer même à des joies, quelles qu'elles fussent, si elles devaient être empoisonnées, par la présence de Gertrude.

» Un jour, un pauvre se présente à la porte du logis, demandant un verre d'eau pour désaltérer son gosier brûlé par les fatigues d'une longue marche. Gertrude l'éloigne avec brutalité, le menace de son balai et joint les injures au manque de charité. Ce pauvre était Jésus-Christ. « Puisque, lui dit le divin Sauveur, tu n'as pas voulu donner au pauvre le verre d'eau recommandé par l'Evangile, tu seras condamnée à errer continuellement et à gagner ta vie dans des courses incessantes ; ta langue sera toujours brûlée par une soif insatiable, et, pour que tout l'univers te reconnaisse et soit instruit de ta faute et de ta punition, tu porteras sur ta tête ton béret rouge, et tu annonceras par un cri plaintif l'eau que tu réclameras en vain pour assouvir ta soif. » Ces paroles furent suivies immédiatement de la métamorphose de la mère Gertrude en *Pic-vert*, et, depuis ce moment elle expie et sa dureté envers les pauvres et toutes les tracasseries dont elle a accablé son pauvre homme.

Le Pic est l'oiseau pluvial des anciens qui croyaient que son cri annonçait la pluie ; et, c'est cette croyance qui le fait appeler dans les campagnes le *pourvoyeur des moulins*, les Anglais le nomment *l'oiseau de la pluie*.

« Dans les sécheresses surtout, dit Michelet, son métier est méprisable ; la proie le fuit, se retire au plus loin, cherchant la fraîcheur. Aussi, il appelle la pluie, criant toujours : *Plieu! plieu!* Le peuple comprend ainsi son cri ; il l'appelle dans la Bourgogne le *procureur du meunier ;* pic et meunier, si l'eau ne tombe, chôment et risquent de jeûner. »

Malgré les légendes du Boulanger et de la mère Gertrude, voici un fait, constaté par M. Servaux, qui prouve que les pics sont susceptibles de bons sentiments et qu'ils se viennent en aide dans le malheur.

« A la fin de l'hiver, j'avais remarqué, dit-il, dans une grande propriété de Montmorency (Seine-et-Oise) deux pics (le plus commun, le *Picus viridis*) qui avaient commencé à creuser leur nid dans un orme, à quatre mètres environ du sol. Vers le milieu de mai, pensant, avec juste raison, qu'ils devaient avoir des œufs, j'appliquai une échelle et montai le long de l'arbre ; mais impossible d'introduire mon bras dans l'ouverture : l'arbre était trop épais, et le trou était de cinquante centimètres environ. J'essayai, mais en vain, et pendant plus d'une demi-heure, d'arriver aux œufs, soit à l'aide d'une branche enduite de glu, soit avec une cuiller en étain recourbée... Enfin lassé de mes tentatives infructueuses, je me décidai à boucher l'entrée du nid, avec cette espérance que, peut-être pressée de pondre, la femelle déposerait ses œufs, ainsi que je l'ai observé plusieurs fois, dans un trou d'arbre des environs.

» Je ne m'occupais plus des pics et ne pensais déjà plus à eux, lorsque le soir, vers quatre heures, passant dans cette même allée, j'entendis frapper à coups redoublés sur l'orme que j'avais quitté le matin... Je m'avançai avec précaution et j'aperçus cramponné à l'arbre et frappant sans interruption, juste à la hauteur du fond du nid, c'est-à-dire à cinquante centimètres plus bas que l'ouverture, un pic qui, tout préoccupé de son opération, ne me vit pas, et me laissa approcher jusqu'au pied de l'arbre ; il s'envola alors, et grand fut mon étonnement, lorsque j'entendis continuer, mais intérieurement, dans l'arbre, le même bruit que j'avais entendu au dehors... Evidemment j'avais enfermé la femelle dans le nid, sans m'en douter, et la pauvre bête, couchée sur sa couvée, n'avait pas donné signe de vie le matin, lors de mes tentatives pour lui enlever ses œufs.

» J'appliquai de nouveau l'échelle contre l'arbre et je colla

mon oreille à l'endroit où les coups de bec arrivaient sans
arrêt et avec une précipitation qui indiquait le désir de la
liberté que devait éprouver la prisonnière ; je fis du bruit,
elle s'arrêta, mais un instant après elle recommença de plus
belle. De son côté, le mâle n'était pas resté inactif, je vous
assure, car l'écorce de l'arbre était fortement entamée sur
une largeur de cinq à six centimètres et sur une profondeur
de plus de deux centimètres. Inutile d'ajouter que ce commencement de trou correspondait juste à celui que la femelle commençait à l'intérieur.

» La captivité forcée, que j'avais imposée bien involontai-
rement à la pauvre femelle, avait duré assez longtemps et,
après m'être bien assuré du fait que je viens de vous raconter,
je retirai la pierre que j'avais mise le matin pour boucher
l'entrée du nid ; la femelle s'élança immédiatement, mais je
la saisis au passage pour l'examiner avec attention ; elle était,
comme vous devez le penser extrêmement farouche, très
agitée, les plumes hérissées, le bec tout couvert de sciure
de bois, et lorsque je la lâchai, elle poussa deux ou trois
cris en s'envolant... Était-ce la peur que je venais encore de
lui causer, ou plutôt la joie de la liberté ?

» En quittant la maison, je fis part au jardinier de ce qui
venait de m'arriver ; il me plaisanta beaucoup, me disant
que c'était impossible, attendu que, dans la journée, à plusieurs reprises, il avait vu les deux pics qui frappaient l'orme
à l'extérieur, et qui étaient tellement occupés à leur travail
qu'ils le continuaient malgré sa présence, ne s'envolant qu'au
moment où il allait les toucher... Je m'expliquai alors l'énorme
trou fait en si peu de temps et qui, bien probablement, n'aurait pas tardé à offrir une sortie pour la prisonnière. Pour
rendre la liberté à sa femelle, le pic mâle avait eu recours
à l'obligeance d'un camarade, de son frère peut-être.

» Cette histoire est vraie en tous points ; l'expérience, au
besoin, pourrait être renouvelée. Je crois que cette observation n'a pas encore été faite ; peut-être pourrait-elle inté-
resser les personnes qui s'occupent d'oologie et d'ornithologie. »

Le Pic-vert (*Picus viridis*) doit, comme tous ses congénères,
son nom de *Pic* à l'emploi qu'il fait de son bec ; et, l'épithète
de *vert*, rappelle la couleur dominante de son plumage. On
le voit grimper le long des arbres, en décrivant, de bas en

haut, une suite de spirales; il recherche surtout les troncs dont l'écorce se fendille; il enfonce sa langue et son bec sous cette écorce, et la fend quand il ne peut arriver autrement jusqu'aux insectes qui s'y cachent. Si on examine les morceaux qu'il a ainsi détachés, on les trouve toujours minés par les insectes.

Si les laborieuses investigations du Pic-vert sont restées sans résultats, il descend à terre, recherche les fourmilières dans lesquelles il plonge sa langue en gardant la plus complète immobilité; il ne la retire que lorsqu'elle est couverte de fourmis qui, croyant avoir affaire à une proie, se sont prises à l'espèce de glu dont elle est enduite.

Quelquefois, après avoir frappé son bec contre le tronc d'un arbre, on le voit qui se précipite rapidement du côté opposé, non pas, comme on le croit vulgairement, pour voir s'il a percé l'arbre, mais pour happer les insectes que l'ébranlement a chassés de leur retraite.

« Lorsqu'il frappe contre une branche, dit Naumann, on le voit parfois courir aussitôt de l'autre côté, pour pouvoir y prendre les insectes qu'il a effrayés par ses coups de bec. Ces insectes se comportent, en effet, comme les vers de terre, quand la taupe fouette la terre, ils connaissent aussi bien que le font ceux-ci, l'approche de leur ennemi mortel. »

Rien n'est curieux comme de le voir l'oreille appliquée contre le tronc de l'arbre qu'il ausculte, pour s'assurer de l'endroit exact où se trouve la larve de lucane, de capricorne ou de cossus qui ronge le bois.

Le pic-vert creuse son nid dans les troncs des arbres; mais, il est à peu près démontré qu'il choisit toujours un arbre déjà attaqué par les insectes; ce qui peut faire croire le contraire, c'est que les ravages causés par les larves ne sont pas toujours apparents. Chaque couvée est de quatre ou cinq œufs verdâtres, parsemés de petites taches rouges. Les parents couvent alternativement, ils élèvent les petits avec sollicitude et ne s'éloignent guère du nid. Lorsque les jeunes pics ont pris leur essor, le père et la mère demeurent avec eux et ne les quittent que lorsqu'ils sont complètement à même de se suffire.

Le Pic varié ou Pic-epeiche (*Picus major*) se distingue par son plumage, noir sur le sommet de la tête et au milieu du dos, blanc sur la poitrine et la gorge, rouge carmin sur le derrière de la tête et le bas-ventre. C'est un oiseau fort, vigoureux, leste, agile et hardi, qui vit comme le Pic-vert; mais dont les mouvements sont plus faciles et qui peut saisir les insectes au vol. La femelle est dépourvue de rouge sur l'occiput.

« C'est un spectacle superbe, dit un naturaliste, quand le temps est beau, de voir ces pics se poursuivre d'arbre en arbre, grimper le long des branches, se chauffer au soleil, dont les rayons font resplendir leurs couleurs. Presque toujours ils sont en mouvement, ils animent merveilleusement les sombres forêts »

Rarement le Pic-épeiche creuse un nid; il en cherche un qui ait déjà servi, ou que les Pics-verts aient abandonnés. La femelle pond quatre ou cinq œufs, petits, allongés, à coquille mince, à grains fins, d'un blanc lustré.

Comme les Pics-verts, les Pics-épeiches ont le plus grand soin de leur couvée, et élèvent leurs petits avec la plus grande sollicitude.

Le Torcol (*Yunx torquilla*) a, comme les pics, la langue très longue et très extensible. Cet oiseau est connu sous les noms de *Torcou, Trousse-col, Tourne-cou, Tire-langue, longue-langue*, etc...; il est remarquable par son plumage et par ses habitudes.

Son plumage supérieur est mélangé transversalement, et en zigzags, de gris, de brun et de noirâtre, avec un peu de blanc-roux sur les couvertures des ailes; le ventre et les cuisses sont d'un blanc sale, mélé d'un peu de roux, et varié de quelques points noirâtres; le reste du plumage inférieur est rayé transversalement de noirâtre sur un fond roux; les grandes plumes des ailes sont brunes, avec des taches carrées d'un roux-clair; les pennes de la queue sont d'un gris clair, varié en travers de raies, d'ondulations et de taches noirâtres.

L'habitude qui lui a valu son nom consiste à tourner le cou d'un mouvement lent, ondulatoire, semblable à celui d'un serpent, en renversant la tête au point de la relever du côté du dos, et en fermant en même temps les yeux : Lorsqu'il est pris et qu'on le tient, il ne cesse pas de se donner ce mouvement; il l'exécute aussi très souvent en liberté, et les petits ont déjà la même habitude dans le nid. Par son plumage et par ses mouvements, il ressemble à un reptile ; aussi, les Anglais l'appellent l'*oiseau-vipère*.

« Il allonge son cou, dit Naumann ; il hérisse les plumes de sa tête sous forme de huppe, étale sa queue en éventail ; en même temps, il se relève lentement et à plusieurs reprises ; ou bien, il se contracte, étend son cou, s'incline lentement en avant, tourne les yeux, et gonfle sa gorge comme le fait une grenouille, tout en produisant un ronflement sourd et guttural. Quand il est en colère, quand il est blessé ou pris dans un piège, et qu'on veut le saisir avec la main, il fait de telles grimaces, que celui qui le voit pour la première fois en demeure stupéfait, sinon effrayé. Les plumes de la tête hérissées, les yeux à demi fermés, il étend le cou, le tourne lentement de tous côtés comme le ferait un serpent ; sa tête semble décrire plusieurs courbes ; son bec est tantôt dirigé en avant, tantôt en arrière. »

Quoique conformés à peu près comme les pics ces oiseaux ne grimpent pas comme eux ; ils se cramponnent aux branches sèches sur lesquelles ils paraissent plutôt se reposer que cher cher leur nourriture ; et, quand ils parcourent les arbres, ils s'arrêtent aux cavités naturelles où ils plongent leur langue.

Le plus souvent ils se tiennent à terre pour y chercher leur subsistance consistant en fourmis qu'ils prennent en ouvrant fortement le bec, et en dardant leur langue dans la fourmilière ; ils la retirent bientôt chargée de fourmis qui se sont prises à la matière visqueuse dont elle est enduite.

Le torcol n'a point de chant, mais plutôt un cri, un sifflement aigre et prolongé. Il ne construit pas de nid : la femelle pond dans des trous d'arbres, sur la poussière du bois vermoulu ; la ponte est de sept à huit œufs d'un blanc d'ivoire.

Lorsqu'on plonge le bras ou un bâton dans la cavité qui leur sert de nid, la femelle pousse des sifflements si-violents qu'on ne peut se défendre d'un sentiment de crainte, et que souvent le dénicheur s'éloigne craignant de voir sortir une vipère.

Le torcol était fameux chez les anciens par l'usage qu'on en faisait pour les philtres ; il était un des éléments indispensables dans les enchantements.

Si le torcol est incapable de grimper comme le pic, voici en revanche, un oiseau qui exécute cet exercice avec la plus grande facilité :

Le Grimpereau familier (*Certhia familiaris*) est un peu plus gros que le troglodyte; il a le plumage supérieur varié de blanchâtre, de brun-roussâtre et de noir disposés par traits allongés dans le sens des plumes; le plumage inférieur est d'un brun-roussâtre; la gorge seule est blanche; les pennes de la queue sont roides, terminées en forme de coin, et recourbées en dessous, comme dans les pics.

Cet oiseau vit d'insectes qu'il cherche sur les arbres en parcourant les troncs avec beaucoup de légèreté et grimpant tantôt en ligne droite, tantôt en spirale, tantôt en montant ou en descendant; il visite les feuilles, les écorces, suit les pics, les sitelles qui comme lui vivent d'insectes, et qui, par les coups qu'ils frappent, au moyen de leurs becs robustes, déterminent les larves à sortir des trous où elles se tenaient cachées. Avec moins de force, et autant d'adresse, il profite de la puissance de ses rivaux.

Le grimpereau familier, qui reste toute l'année dans notre pays, fait son nid dans les trous naturels qu'il trouve au tronc des arbres. La ponte est de cinq à sept œufs cendrés, tachetés de traits plus foncés. Les parents restent avec leurs petits longtemps après qu'ils ont pris leur essor.

« Tout ce petit peuple, dit Naumann, est assemblé sur un même arbre ou sur quelques arbres voisins; les parents sont très affairés; entourés de leurs petits, ils tendent l'insecte qu'ils viennent de prendre, tantôt à l'un, tantôt à l'autre, puis se remettent en chasse avec ardeur. Leurs cris, d'intonations diverses, leur anxiété quand ils soupçonnent quelque danger, leur vivacité, tout concourt à divertir l'observateur. »

C'est encore un excellent grimpeur que ce joli oiseau plus gros que le grimpereau familier dont il n'a ni le port, ni l'attitude, mais plus petit que le pic dont il partage les travaux.

La Sittelle, ou torchepot bleu (*Sitta cæsia*) vulgairement *rimpereau bleu, pic bleu*, a le bec cendré, les pieds et les ongles gris; le plumage supérieur gris de plomb, l'inférieur d'un roux clair. Les couvertures inférieures de la queue sont marron et deviennent presque blanches à leur extrémité; la gorge et les joues sont blanchâtres; cependant, une bande noire passe sur les joues dans la direction de l'œil, et va rejoindre les petites plumes noires et roides qui couvrent les narines. Les grandes couvertures, de même que quelques pennes des ailes sont ornées de brun et de gris-blanc. Les douze plumes de la queue, les cinq latérales (de chaque côté) sont noires à leur origine ; puis, mi-parties blanc et cendré ; les deux du milieu sont cendrées.

La Sittelle vit solitaire dans les bois ; elle se mêle rarement aux autres oiseaux, ni même à ceux de son espèce. Lorsqu'on la garde en volière, elle se retire dans des trous ; et, à leur défaut, elle se tapit, pour y passer la nuit, dans l'auge au grain. En liberté, elle ne dort pas sur les arbres, mais se retire la nuit dans les trous.

Ces oiseaux établissent leur nid dans un trou d'arbre tout fait ; à défaut de ce gîte naturel, ils peuvent en creuser un eux mêmes. Si le trou est trop grand, il le rétrécissent avec de la terre détrempée, et, c'est de cette habitude que leur vient le nom de *torchepot*.. Le fond du nid est garni de mousse et de bois vermoulu ; la femelle y dépose six ou sept œufs d'un blanc sale, pointillés de roussâtre ; elle couve seule, et le mâle lui apporte sa nourriture. Dès que les petits sont assez forts et que leur éducation est achevée, chaque membre de la famille se sépare pour vivre isolé.

CHAPITRE X

Les Mésanges. — Leur nourriture. — Leurs mœurs. — Leur cruauté. — Une mésange charitable. — Colonie de mésanges dans un ruche d'abeille. — La Mésange charbonnière. — La petite charbonnière. — La Mésange bleue. — La Mésange huppée. — La Mésange à longue queue. — Fécondité extraordinaire. — Les Pies-grièches. — Leur cruauté. — La Pie-grièche grise. — La Pie-grièche méridionale. — La Pie-grièche d'Italie. — La Pie-grièche écorcheur

Il n'est pas un enfant à la campagne qui ne connaisse cet oiseau, à la physionomie singulière et originale à qui son cri, semblable au bruit de la scie ou de la lime qui mord le fer a fait attribuer le nom caractéristique de *serrurier*. Il n'en est guère qui n'aient quelquefois succombé à la tentation de capturer les petits serruriers ou *cendrilles* à l'aide d'un piège composé d'une noix attachée à une cordelette, entourée de quelques collets et suspendue à un arbre.

Les Mésanges forment un genre de très jolis petits oiseaux dont les plumes sont tellement prolongées sur la base du bec que les narines en sont plus ou moins couvertes, ce qui les fait paraître en quelque sorte huppées : Ce bec est fin, court, droit, pointu et très fort. Leur langue est tronquée, c'est à dire coupée carrément à l'extrémité, et frangée ou terminée par des cils. Elles ont les ailes courtes; les pattes portent trois doigts devant et un derrière, tous armés d'ongles très aigus.

La nature a enrichi de belles couleurs le plumage de ces oiseaux : Le gris-cendré, le jaune, le vert, le bleu, le noir, le velours ou la soie s'étalent sur leurs vêtements; toutes ces richesses, admirablement mélangées, diffèrent de nuances suivant les espèces.

Les mésanges, comme les pics, ont le crâne très épais; les muscles du cou ont beaucoup de ressort et de solidité; aussi leurs coups de bec sont fort redoutables. Leurs plumes, surtout celles du croupion, sont aiguës, à barbes effilées, peu unies entre elles, ce qui fait paraître ces oiseaux plus gros qu'ils ne le sont réellement; cette même particularité qui se rencontre chez les pics, les grimpereaux et les roitelets, est cause qu'ils sont hérissés pour peu qu'ils soulèvent leurs plumes.

Vives, pétulantes, sans cesse en mouvement, les mésanges habitent communément les grands bois, les taillis, les vergers; on les voit souvent sur les saules qui bordent les ruisseaux, les rivières et les marais. Depuis le moment de la nichée, jusqu'au printemps suivant, les individus de la même famille vivent en société; il ne faudrait pas croire, cependant, qu'ils soient guidés par un sentiment fraternel d'amitié ou d'attachement : Quoiqu'elles répètent sans cesse leur cri de ralliement, quoiqu'elles marquent un vif empressement de vivre ensemble, elles craignent de s'approcher de trop près, et paraissent se méfier de la violence de leur caractère. En effet, leurs emportements se traduisent souvent de la façon la plus cruelle : Si quelque indisposition force l'une d'elles à garder l'immobilité; si quelque blessure attire l'attention de ses compagnes, toutes se précipitent sur elle, l'immolent sans pitié, s'arrachent ses membres, et se disputent sa cervelle qui constitue pour ces oiseaux un mets des plus friands. Il y a surtout une antipathie marquée entre les mésanges noires et les grises : Les mésanges noires, plus fortes, harcèlent les grises et souvent, les tuent sans pitié; aussi, lorsque ces dernières aperçoivent leurs ennemies, elles jettent un cri particulier et fuient en grande hâte.

Malgré toutes les précautions, il n'est guère possible de réunir plusieurs mésanges dans la même cage ; leur querelle y est perpétuelle, et elles s'y battent avec acharnement. La première domiciliée se considère comme la maîtresse de l'habitation et se précipite avec fureur contre tous les compagnons de captivité qu'on lui donne; son triomphe n'est complet que lorsqu'elle a ouvert le crâne et les vertèbres de ses ennemies pour en dévorer la cervelle et la moëlle épinière. Cependant, pour être juste, disons qu'il se rencontre parfois des mésanges animées de meilleurs sentiments : Le naturaliste Demarest gardait en cage une jolie mésange bleue. Un jour qu'on lui apporta deux petites mésanges noires, encore dans le nid, il eut l'idée de les placer dans le domicile de sa pensionnaire; mais convaincu que son intervention serait bientôt nécessaire, il se met en observation dans le but de sauver d'une mort à peu près certaine les deux oisillons trop faibles pour se défendre. Quel ne fut pas son étonnement, quand au bout de quelques instants il vit la mésange bleue porter la becquée aux orphelines. Elle leur tint lieu de mère, continua à les nourrir avec du chènevis qu'elle cassait pour elles, avec du biscuit dont elle avait toujours une provision, et de la pâtée composée de jaune d'œuf, de mie de pain et de chènevis broyé.

Demarest pose ces deux questions qu'il n'a pas résolues : La mésange charbonnière aurait-elle rendu le même service aux petits d'une mésange bleue? La conduite de la mésange bleue envers les petites orphelines n'était-elle due qu'à l'état de faiblesse et de besoin où elles se trouvaient?

Nous avons signalé ailleurs des exemples de cette solidarité fraternelle, de cette compassion généreuse qui porte les oiseaux à donner des soins aux faibles. Le rouge-gorge, par exemple, se substitue volontiers, en captivité, aux parents des jeunes oiseaux qu'on place dans sa cage.

Le naturaliste que nous venons de citer affirme avoir gardé plusieurs années des mésanges de différentes espèces, prises au piège et toutes placées dans une même volière.

J'ai également placé dans une cage, avec une mésange charbonnière, des petits oiseaux auxquels elle n'a pas tardé d'ouvrir le crâne; mais, j'ai vu dans une petite volière, une mésange bleue vivant en bonne intelligence avec une linote, un chardonneret et un pinson.

Disons encore que les mésanges sont essentiellement carnivores : Si, pendant leur captivité, on les prive d'insectes; si l'on veut les astreindre à un régime composé de graines et de verdure, elles se trouvent forcées de se procurer, même par des procédés cruels, les aliments exigés par leur tempérament et par leurs habitudes.

Les chenilles, les vermisseaux, les larves, les insectes et leurs œufs forment leur nourriture habituelle; leur bec fin et pointu leur permet de fouiller les gerçures des écorces et d'en retirer leur proie. On les voit voltiger autour des feuilles et des fleurs et saisir les papillons ou les coléoptères qui s'y cachent; à défaut d'insectes elles mangent des noix, des châtaignes et des graines. En captivité, elles ne sont pas délicates, sur le choix des aliments : Le sang, les viandes qui se putréfient, la graisse rance, le suif de chandelle, sont pour elles autant de friandises. Cependant le mieux est de laisser en liberté un oiseau qui rend d'immenses services.

Malheureusement, elles s'attaquent quelquefois aux abeilles, et nichent même dans les ruches abandonnées. Voici, à cet égard, un fait assez curieux rapporté dans le Bulletin de la Société industrielle de Colmar, a l'époque où l'Alsace était encore française : « M. Judlin, brigadier forestier au Niederwald, près Colmar, est propriétaire d'un rucher considérable. Dans le courant du printemps, il s'aperçut que d'assez nombreuses mésanges de la grosse espèce circulaient aux alentours et même que quelques-unes, plus audacieuses que les autres, entraient en sa présence, dans un panier inhabité, dont l'ouverture supérieure n'avait pas été fermée. Ne connaissant pas la voracité avec laquelle les mésanges s'attaquent aux abeilles et scrupuleux défenseur des arrêts préfectoraux, le brigadier n'attacha pas d'autre attention aux allures de ces oiseaux, fort communs d'ailleurs dans la forêt. Mais leurs allées et venues n'avaient pas échappé aux yeux de ses enfants qui le prièrent un jour de constater ce qui pouvait attirer continuellement les mésanges dans ce même panier.

» Il alla donc l'enlever du rucher avec la planchette qui le supportait, et quelle ne fut pas sa surprise, lorsqu'en le soulevant, il vit que toute la superficie du plancher était couverte de nids, serrés les uns contre les autres. Il se hâta de les recouvrir et de les remettre en place, ne sachant pas qu'il donnait ainsi l'hospitalité aux plus grands ennemies de sa propriété. Le nombre des nids n'a pas été constaté, mais M. Judlin évalue à une quarantaine le chiffre des jeunes mésanges qui s'échappèrent quelques jours plus tard du panier. »

Quelle que soit leur nourriture, les mésanges n'avalent jamais une proie sans l'avoir préalablement dépecée par petites portions.

Les hommes ont inventé pour détruire ces utiles oiseaux, plus d'un piège parmi lesquels la *pipée* est celui où ils se prennent le plus aisément : C'est à cette chasse que se manifestent l'énergie de leur caractère, la décision et la hardiesse de leur courage. Leurs plumes s'enflent, leurs attitudes varient à l'infini ; ils multiplient leurs cris aigres et semblent défier la chouette au combat ; mais ils ne tardent pas à devenir la proie de l'oiseleur. Cependant, même à cette dernière extrémité, bien qu'ils soient liés et garottés, ils insultent à la victoire facile de l'ennemi : Ils se couchent sur le dos à la manière des rapaces ; et, du bec et des ongles, ils continuent à défendre leur liberté.

La Grande Mésange ou Mésange charbonnière (*Parus major*) doit son nom à l'espèce de capuchon d'un noir lustré qui couvre sa tête et son cou, et non pas, comme on l'a prétendu, à l'habitude qu'elle a d'établir son nid dans les huttes des charbonniers. Cet oiseau a la tête, la gorge et le devant du cou d'un noir brillant ; une raie large et blanche s'étend au-dessous des yeux, de chaque côté des tempes ; une autre tache de même couleur, terminée d'un côté par le noir de la tête et de l'autre par le jaune du dessus du cou existe quelquefois. Le cou est cendré, le dos est vert olive, le croupion est bleuâtre ou gris de lin ; la poitrine, le ventre et les cuisses sont jaunes ; le milieu de la poitrine et du ventre est marqué par une large ligne noire qui se continue depuis la gorge jusqu'à l'extrémité opposée du corps ; les grandes plumes des ailes, d'abord brunes, deviennent, sur les bords, parties blanchâtres et partie bleues, souvent mêlées d'un peu de vert. La queue composée de douze plumes est fourchue, de couleur cendrée, bleuâtre à l'extérieur, noirâtre intérieurement et blanche sur les bords ; les pieds et les ongles sont d'un gris bleu. C'est cette espèce qu'on appelle suivant les localités, *arderette*, *mésange brûlée*, *pinçonnière*, *cendrille*, *croque-abeille*, *mésange à miroir*, *serrurier*, *patron des maréchaux*, etc... On la rencontre partout, dans les montagnes, les plaines, les marais, sur les buissons, dans les grands bois, et particulièrement dans les contrées plantées d'arbres fruitiers. Là, en effet, elle trouve une nourriture plus abondante, grâce aux lichens qui recouvrent les troncs, et qui servent de retraite à une foule d'insectes. Constamment en mouvement, elle explore les branches, montant et descendant à la manière des pics.

Elle établit son nid dans les troncs des arbres caverneux, quelquefois dans les crevasses des murailles ; elle le compose de bourre, de mousse, d'herbes desséchées, de laine, en un mot de corps mous, très doux, propres à la conservation de la chaleur. Les petits, d'abord réunis, se séparent au printemps de l'année suivante.

Le chant ordinaire du mâle, celui qu'il fait entendre dans toutes les saisons de l'année, et plus fréquemment la veille des jours de pluie, imite à peu près le bruit produit par le frottement d'un lime contre le fer. Au printemps, son chant prend une autre modulation ; il est plus agréable, et si varié qu'on ne croirait pas qu'il provient du même oiseau.

Les mésanges charbonnières vivent par troupes ; elles sont très courageuses : Rien n'est amusant comme de les voir tenir entre leurs doigts un grain de chènevis ou une faine, qu'elles assujettissent contre une branche, et qu'elles frappent du bec, à coups redoublés, pour percer l'enveloppe coriace qui recouvre l'amande.

La Petite Charbonnière, Mésange a tête noire ou des bois (*Parus ater*) doit également son nom à la couleur de son plumage : La tête est recouverte d'un capuchon noir qui s'étend jusqu'aux épaules et revient un peu vers la poitrine ; la face est d'un blanc clair ; la gorge est à peu près de la même teinte, d'apparence un peu salie; le dos et gris cendré; la partie postérieure du corps est d'un bleu noir, moucheté sur les côtés de quelques taches d'un blanc obscur; le bec est noirâtre; les jambes, les pieds et les ongles sont d'un gris bleuâtre.

Cette espèce habite plus volontiers les forêts et les bois taillis que les campagnes, les jardins et les vergers; elle se plaît où il y a des arbres toujours verts, particulièrement dans les bois de sapins. Elle a les mêmes habitudes que la grande charbonnière, mais elle est plus féconde.

La MÉSANGE BLEUE OU MARENGE DE BELON (*Parus cœruleus*) est de toutes la plus répandue. Le dessus de la tête de cet oiseau est orné de plumes longues, un peu effilées, d'une belle couleur bleue d'azur, qu'il hérisse ou relève à volonté, ce qui arrive fort souvent; la queue offre les mêmes teintes; le dessus du corps et le cou sont d'un vert blanchâtre; le bas-ventre, la poitrine la partie inférieure de la gorge sont jaunes, avec une tache d'un bleu violet obscur à la naissance du cou; la face et la tête sont en outre ornementées de blanc clair qui tranche agréablement sur les autres teintes. Les mâles, un peu plus gros que les femelles ont des couleurs, plus vives et plus décidées. Le bec est noirâtre; les pieds et les ongles sont d'un gris bleuâtre.

La mésange bleue, très commune dans nos campagnes, nos jardins et nos vergers, se réfugie pendant l'hiver dans les troncs d'arbres, dans les crevasses des murs, pour y passer la nuit; et, c'est dans ces mêmes retraites qu'elle construit son nid, dans lequel elle dépose, au nombre de dix à quinze, quelquefois plus, des œufs d'un blanc mat, ou couleur chair, parsemés de taches rouges très irrégulières.

Cet oiseau est remarquable par ses couleurs brillantes, par sa fécondité, et aussi par sa vivacité, la pétulance de ses mouvements, et un air d'impatience violent jusqu'à l'emportement. Elle est querelleuse, elle provoque les autres oiseaux, elle crie, elle pince, elle mord même en expirant.

La MÉSANGE HUPPÉE (*Parus cristatus*) est à peu près de la grandeur de la grande charbonnière; elle doit son nom à la huppe étagée, formée de plumes noires, bordées de gris blanc, qu'elle porte au sommet de la tête; les joues sont blanchâtres; un trait noir s'étend de l'œil à l'occiput; une bande de la même couleur, courbée en arc, descend de l'occiput sous sa gorge, et s'étend sur le devant du cou ; le reste du plumage inférieur est blanchâtre, les côtés un peu plus roux ; le reste du plumage supérieur est d'un gris roussâtre ; le bec est noirâtre ; les ongles sont gris et les pieds bleuâtres.

Cet oiseau qui ne survit guère à la perte de sa liberté se rencontre assez fréquemment en Normandie ; elle est très commune en Suède. Elle se plaît dans les friches, dans les lieux solitaires abondants en genévriers, et l'on prétend qu'elle contracte l'odeur des baies de cet arbrisseau.

La Mésange a longue queue *Parus caudatus*) n'est guère plus grosse que le roitelet ; mais les plumes longues, effilées dont elle est couverte, la font paraître beaucoup plus grosse qu'elle ne l'est en réalité, et lui donnent un air si singulier que les paysans du Dauphiné la considère comme un monstre ; ils l'appellent *meunière*, *matérat*.

Cette mésange se reconnaît facilement à sa paupière supérieure d'un très beau jaune qui disparaît en partie à la mort de l'oiseau, parce qu'il ne provient que de la coloration de la peau. Le sommet de la tête est blanc ; les tempes sont marquées d'une tache noire qui entoure la tête ; les parties inférieures sont blanches ; le dos est châtain, nué de pourpre sombre, bigarré de noir ; le plumage des ailes et de la queue est blanc et brun foncé. La queue est singulièrement étagée : Les deux plumes du milieu ne sont pas aussi longues que les deux qui les suivent de chaque côté et qui sont les plus longues de toutes. Les jambes et les ongles sont noirs ; elle ressemble du reste aux précédentes espèces pour les mœurs et la manière de vivre.

La mésange à longue queue, plus rare dans les bois, fréquente en hiver les jardins et les vergers ; elle fait son nid à trois ou quatre pieds de terre, l'attache aux branches dans leur enfourchement, le construit de telle manière que l'ouvrage en entier ressemble à un œuf placé sur une de ses pointes ; il y a une et quelquefois deux ouvertures latérales opposées l'une à l'autre, et servant à l'entrée et à la sortie. Les œufs et les petits sont admirablement défendues contre les intempéries ; le dedans du nid est doublé de duvet ; le dehors est composé de mousses, de lichens, de laine et de toiles d'araignées, le tout entrelacé avec beaucoup d'art. Elle est de tous les oiseaux, celui qui pond le plus grand nombre d'œufs. De la gros seur d'une petite noisette, entourés d'une zone rougeâtre sur un fond gris, leur nombre s'élève souvent jusqu'à vingt. Comment vingt petits oiseaux peuvent-ils trouver place dans le nid de la mésange?... Comment le père et la mère peuvent-ils suffire à la nourriture de vingt petits?... La Providence veille; rien ne manque à cette nombreuse famille qui est chaudement couchée et abondamment pourvue d'insectes!...

Il existe encore dans nos contrées plusieurs autres espèces de mésanges, mais on ne les rencontre guère dans les bois : Elles fréquentent de préférence les marais, les bords des étangs, des ruisseaux et des rivières.

Non moins querelleuses et beaucoup plus fortes que les mésanges sont les Pies-Grièches qui mettent en fuite les corneilles et les crécerelles et qu'on a vues repousser des milans et des buses; elles poursuivent les petits oiseaux, s'attaquent aux jeunes levrauts, percent le crâne de leurs victimes ou les étranglent avec leurs ongles. Elles rendent cependant d'importants services en immolant une grande quantité de souris, de mulots et autres petits mammifères nuisibles, et en détruisant des milliers de capricornes dont les larves rongent certains arbres et particulièrement les peupliers.

Les pies-grièches peuvent compter parmi les oiseaux les plus courageux : Elles entourent leurs petits des soins les plus affectueux et deviennent terribles quand on veut les leur ravir. J'ai vu des enfants abandonner le nid qu'ils allaient dérober et fuir épouvantés devant les attaques d'un couple de ces oiseaux.

La Pie-Grièche grise (*Lanius excubitor*) ou Grande Pie-Grièche, la plus grosse des espèces qui fréquentent nos contrées a le dos d'un gris cendré clair, le ventre blanc; une large bande noire interrompue par l'œil couvre l'orifice des oreilles; les ailes noires sont marquées de taches blanches qui se répètent sur la queue; le bec est les pieds sont bruns.

La qualification *excubitor*, qui signifie *sentinelle*, explique une des habitudes de cet oiseau qui aime à se tenir perché sur la plus haute branche d'un arbre d'où il peut explorer un vaste horizon. Là, toujours immobile, le corps droit, la queue pendante, la pie-grièche promène ses regards autour d'elle; et, ni le rapace qui fend l'air, ni le mulot qui regagne son trou, ni l'oiseau qui sautille dans le buisson, ni l'insecte qui voltige, n'échappent à son attention.

Certains auteurs ont prétendu qu'en occupant la position d'une sentinelle, la pie-grièche n'avait d'autre but que d'avertir les autres oiseaux de l'approche des rapaces, et ils lui ont donné le nom d'*avertisseur*. Et en effet, dès qu'elle aperçoit un grand oiseau, elle pousse un cri perçant et fond courageusement sur lui.

Elle est d'autant plus dangereuse pour les petit oiseaux qu'elle affecte de vouloir vivre avec eux en bonne intelligence. En hiver ils n'est pas rare de la voir se chauffant au soleil au milieu d'une troupe de ces malheureux sans défense, puis tout à coup, au moment où ils ne songent nullement à fuir parce qu'ils se croient en sécurité, elle fond sur eux, s'empare du moins prompt à s'éloigner, le tue à coups de bec, ou l'étrangle avec ses griffes. Elle l'emporte dans un lieu où elle se croit en sûreté; et, si elle n'est pas trop pressée par la faim, elle embroche l'innocente victime dans une longue épine et la dévore ensuite tout à son aise après l'avoir dépecée.

En avril, les pies-grièches construisent leur nid sur quelque branche fourchue d'un arbre élevé : Elles le composent d'herbes sèches, de brindilles, de mousse, et le tapissent à l'intérieur avec de la laine et des poils. La ponte est de quatre à six œufs d'un gris verdâtre, parsemés de taches d'un brun olive ou d'un gris cendré. Les petits éclosent au bout de quinze jours. Les parents les entourent des soins les plus assidus et les nourrissent d'abord d'insectes; puis, plus tard de mulots, de souris et de petits oiseaux : Nous avions déjà dit qu'ils savent défendre leur progéniture, même au prix de leur vie; ils se conduisent avec une extrême prudence lorsque quelque danger les menace.

« Je poursuivais dans un bois, raconte Brehm, une famille de pies-grièches pour en tuer quelques-unes. Je n'y réussis point; chaque fois que je m'approchais, les parents avertissaient leurs petits en poussant des cris perçants. Je parvins enfin à arriver tout près d'un des jeunes, mais, au moment où je le visais, la femelle jeta un grand cri, et, comme le petit ne fuyait pas, elle le poussa violemment le fit tomber de la branche avant que j'eusse eu le temps de le tirer.

La Pie-Grièche méridionale (*Lanius meridionalis*) a la partie supérieure d'un gris foncé; la partie inférieure est blanche avec des taches à reflets d'un rouge vineux sur la poitrine; les quatre plumes du milieu de la queue sont noires.

Cette espèce se plaît particulièrement dans les bois, sur le versant des collines, dans les lieux secs, arides et pierreux.

« Audacieuse et cruelle à l'excès, dit Crespin, dans l'ornithologie du Gard, elle fait une grande destruction de petits oiseaux. Je l'ai vue en emporter un qu'elle tenait à son bec. Nos chasseurs au filet ne sauraient être trop attentifs, car souvent il arrive qu'elle leur tue les appelants; ce qui lui a valu de ces derniers l'épithète de *sagataïre*, que l'on peut traduire par *assassin*. »

La PIE-GRIÈCHE A POITRINE ROSE (*Lanius minor*), PIE-GRIÈCHE D'ITALIE doit son nom à la couleur rose des plumes de sa poitrine. C'est la plus agréable et la plus inoffensive de toutes les pies-grièches. On prétend qu'elle n'attaque jamais les oiseaux et qu'elle se borne à chasser les papillons, les coléoptères, à capturer les chenilles et les chrysalides.

« On dit, rapporte Naumann, qu'elle est douée à un degré surprenant de la faculté d'apprendre et de répéter sans fautes le chant des autres oiseaux; jamais je n'ai pu m'en convaincre complètement. Souvent je l'ai entendue imiter le cri d'appel du verdier, du moineau, de l'hirondelle, du chardonneret, répéter quelques phrases de leur chant; mais toujours elle confondait ces divers airs en y mêlant son cri d'appel : du tout il résultait un chant assez agréable. »

Dans nos contrées, cette pie-grièche ne s'éloigne guère des habitations; elle construit son nid à une assez grande hauteur, au milieu des branches les plus touffues.

Moins innocente que la précédente, la PIE-GRIÈCHE ROUSSE (*Lanius rutilus*) imite aussi le chant des oiseaux qui sont dans son voisinage; mais elle abuse de cette faculté pour s'en emparer plus facilement; souvent même elle fait entendre, pour surprendre les jeunes, le cri du père ou de la mère. Lorsque les pauvres petits s'approchent, croyant qu'on leur apporte la becquée, elle les saisit et les dévore.

La PIE-GRIÈCHE ÉCORCHEUR (*Lanius collurio*), la plus petite de toutes les espèces d'Europe, niche dans les buissons touffus et quelquefois dans les ajoncs. Elle brise la tête de ses victimes et les dépouille complètement lorsque ce sont des petits oiseaux. La pie-grièche écorcheur n'est pas douée, comme la plupart des oiseaux de proie, de la faculté de vomir en pelote la peau et les os : L'opération à laquelle elle se livre est donc pour elle une nécessité et non pas un acte de cruauté inutile.

Après leur sortie du nid, les jeunes se tiennent sur les buissons, au bord des routes, à l'extrémité des branches; elles semblent ne pas comprendre le danger, regardent curieusement les passants qui peuvent facilement les tuer avec un simple bâton.

<hr>

CHAPITRE XI

Le grand Corbeau. — Une histoire des temps passés. — Le Corbeau dans l'antiquité. — Voracité du Corbeau. — La Corneille noire. — Ses habitudes. — Chasse de cet oiseau. — La Corneille cendrée ou Corneille d'hiver. — Le Corbeau freux ou Corneille moissonneuse. — Dégâts qu'il commet. — La Pie commune. — Ses habitudes. — Son nid. — Le Geai glandivore. — Ses habitudes. — Un oiseau imitateur. — L'Engoulevent ou Crapaud-Volant.

Le GRAND CORBEAU, CORBEAU NOIR (*Corvus corax*), dont l'espèce tend peu à peu à disparaître est un oiseau au vol superbe, qui n'a pas moins de un mètre quarante centimètre d'envergure; le corps de l'adulte a environ soixante cinq centimètres de longueur; sa livrée est uniformément noire. Très connu dans l'antiquité, cet oiseau a eu, dans tous les temps, une assez mauvaise réputation basée, probablement, sur son extérieur et ses habitudes. Comme le vautour, il peut être considéré comme un agent de salubrité public; sa voracité n'a pas de bornes; et, rien ne lui répugne quand il s'agit de l'assouvir. Son odorat très développé lui fait deviner de loin les immondices qu'il recherche de préférence à toute autre nourriture; il absorbe ainsi les cadavres en putréfaction et les ordures qui pourraient, dans le voisinage des lieux habités, répandre des miasmes dangereux.

Il a été l'objet de supertitions nombreuses : On lui accordait volontiers de la finesse et de la sagacité ; mais, on l'a accusé de ruse; et d'aimer à l'excès à dérober, à amasser et à cacher. Ses bonnes qualités même ont tourné à son désavantage et lui ont fait attribuer des intentions dont un animal de cet ordre n'est pas susceptible.

Que de fables les anciens n'ont-ils pas établies sur les présages qu'on pouvait tirer de son vol, et de sa voix dont les aruspices prétendaient distinguer et compter plus de soixante inflexions.

Que n'a-t-on pas dit sur ces armées de corbeaux qui, combattant dans les airs, annonçaient les combats des hommes sur la terre; sur son antipathie pour certains oiseaux ?

Que n'a-t-on pas raconté sur les vols, les fourberies, les filouteries de quelques-uns ; sur la finesse, la ruse, l'instinct flatteur et courtisan des autres ?

Belon, notre vieux naturaliste français a emprunté à Pline le passage suivant, à propos du corbeau :

« Pline a escrit une histoire assez plaisante d'un corbeau, qui nous a semblé digne d'estre mise en ce lieu. C'est que les corbeaux peuvent apprendre à parler : dont il y en eut à Rome au temps de Tybère empereur, dont le petit estait venu de dessus le temple de Castor, qui vola en une boutique de cousturier, qui n'était guère loin de là. Le corbeau ayant esté nourry léans, n'arresta gueres qu'il n'eust apprins à parler : et par ainsi fut en recommandation au maistre de la boutique, et principalement pour la religion, d'autant qu'il était venu en sa boutique, de dessus le temple. Ce corbeau partait tous les matins pour aller vers le marché, et saluant premièrement Tybère puis Drusus, les empereurs, de là saluait le peuple qui passait, le nommant l'un après l'autre, puis après retournait à la boutique de son maistre : et ainsi dura plusieurs années. Mais un des voisins de la boutique s'estant courroucé un jour contre le corbeau, qui avait esmuty sur son soulier, ou bien courroucé d'enuie, tua le corbeau; pour laquelle chose le peuple romain fut si courroucé, que cest homme fut premièrement banny, et puis après mis à mort; mais au corbeau fist enterrement honorable, l'ayant mis sur un lict que deux

mores portaient en pompe, ayants la trompette deuant eux, et
plusieurs gens portants beaucoup de diversité de couronnes,
et ainsi conduisirent jusque à son tombeau, lequel ils érigèrent
au costé dextre du chemin nommé Via Appia : voulant le peuple
romain que ce fust à uiste cause qu'on lui fist enterremen
honorable pour son bon entendement, ou pour la punition de
l'homme homicide citoyen romain. En Rome en laquelle ne
s'estait trouué personne pour conduire les corps de beaucoup
de princes trépassez, ne pour venger la mort de Scipion Emilian
qui par sa vertu avait aboli Carthage et Numante. Cela ou
chose semblable, escriuit Pline d'un corbeau nourrit à Rome
par lequel il appert que de ce temps là l'on avait coutume d'apprendre les oyseaux à parler. »

Tite-Live nous a conservé l'histoire de Valérius, tribun des
soldats sous Camille, qui accepta le défi d'un Gaulois redoutable, de taille gigantesque; et qui le vainquit en combat
singulier à l'aide d'un corbeau descendu sur son casque. En
mémoire de cette victoire, le tribun reçut le surnom de *corvus*.

N'est-ce pas aussi un corbeau qui, d'après la légende grec-
que, fit connaître à Alexandre-le-Grand la route du temple
célèbre et mystérieux de Jupiter-Ammon dont plus de cent prê-
tres desservaient l'autel?

Le grand corbeau ne doit pas être confondu avec d'autres
oiseaux du même genre, très communs dans nos campagnes; il
habite presque toute l'Europe; mais, il ne fréquente guère que
les régions couvertes de vastes forêts, et se plaît surtout sur
les montagnes; on ne le voit dans les plaines que pendant les
mois d'hiver.

Son cri, auquel on a donné le nom de *croassement*, est rauque, sonore et grave.

Le corbeau a le gosier dilaté au-dessous du bec, ce qui forme
une sorte de poche à l'aide de laquelle il peut porter sa nourriture. Il vit fort longtemps et est véritablement *omnivore*, c'est-
à-dire qu'il mange de tout.

Enlevé jeune de son asile, cet oiseau s'apprivoise et se
dresse assez facilement : Il devient familier, importun et même
dangereux, à cause de la force et de la puissance de son
bec; il apprend à parler et à prononcer assez distinctement
quelques mots; il aime à gesticuler et est doué d'un certain

talent d'imitation; il a surtout l'habitude de baisser, lever, plier et mouvoir le cou dans tous les sens, en même temps qu'il dilate fréquemment la pupille de ses yeux.

Ces différents gestes, ces mouvements attirent l'attention et inspire quelquefois au spectateur l'idée de lui prodiguer des encouragements sous forme de caresses; mais il faut se tenir sur ses gardes, car il est traître, hardi, méchant et très porté à donner des coups de bec assez forts pour percer les vêtements, entamer la peau et faire une plaie.

Dans une basse-cour, il ne craint aucun animal domestique, et tous le redoutent avec raison. Il parait n'être importuné ni par l'excès de la chaleur, ni par l'excès du froid.

Le grand corbeau niche dans les forêts épaisses, sur les arbres les plus élevés, dans les fentes des rochers, dans les tours abandonnées des vieux édifices; il le construit en mars et le compose à l'extérieur d'un enchevêtrement de bûchettes et d'épines destinées à le défendre contre l'ennemi; l'intérieur est formé de terre gâchée avec de la fiente d'animaux; il y ajoute quelquefois, mais rarement, des débris de mousse, de foin et de laine. La ponte est de quatre, cinq ou six œufs d'un vert pâle, tirant sur le bleu, tachetés de points ou de raies noirâtres. Le mâle marque un grand attachement pour sa compagne; il prend soin de la nourrir pendant le temps de l'incubation qui dure environ vingt jours; une fois réuni, le couple ne se sépare plus, et il revient au même nid pendant plusieurs années.

Les petits sont couverts d'un duvet gris au moment de leur naissance : Le père et la mère les nourrissent fort longtemps et ce qu'ils consomment chaque jour est effrayant.

« En Norwège, dit un observateur, je gravis un jour un rocher sur lequel étaient de jeunes corbeaux encore nourris par leurs parents. J'y trouvai les débris d'une soixantaine d'œufs d'eiders, de mouettes, de pluviers, des os de poules, des ailes d'oies, des peaux de lemmings, des coquillages, des restes de jeunes mouettes, de glaréoles, de pluviers. Les quatre petits criaient sans cesse, demandant à manger, et sans cesse les parents leur apportaient de nouvelles proies. Aussi n'y avait-t-il rien d'étonnant à ce que, dès que les corbeaux se montraient, toutes les mouettes des environs fondissent sur eux, et les attaquassent avec fureur; à ce que les habitants des fermes voisines les détestassent au plus haut point. »

C'est vers la fin de l'été que les jeunes quittent leurs parents et vont, par couples, se choisir un domaine qu'ils défendent suivant leur pouvoir; leur domicile est fixe; ils y reviennent toujours passer la nuit.

En Angleterre, on protège le corbeau parce qu'il mange les charognes qui pourraient empoisonner l'atmosphère; il en est de même en Suède et dans les Indes.

Mais, en revanche, dans les îles Féroë, où il est, dit-on, de tous les oiseaux de proie le plus redoutable aux brebis, on lui fait une guerre acharnée, et sa tête est mise à prix.

Autrefois, à certain jour de l'année, chaque habitant devait apporter à la Chambre de Justice, un bec de corbeau. On formait un monceau de toutes ces dépouilles dont on faisait un feu de joie, et on infligeait une amende à ceux qui n'avaient pas fourni leur contingent.

Les corbeaux sont très nombreux dans les solitudes et sur les rochers de l'Islande : Ces terribles oiseaux se jettent impitoyablement sur les petits agneaux, les dévorent, ou tout au moins leur crèvent les yeux avant que les paysans soient arrivés à leur secours.

Olafsen raconte qu'ils guettent les canards à duvet et les chassent de leurs nids pour manger leurs œufs, et que les chevaux qui ont quelques plaies ne sont pas à l'abri de leurs attaques. Il ajoute que lorsque les jeunes corbeaux tombent de leurs nids ou qu'ils en sortent trop tôt et que les parents ne peuvent les y faire rentrer, ces derniers les tuent et les dévorent.

Le grand corbeau a pour ennemi le milan; la corneille et les autres oiseaux de sa famille sont impitoyablement bannis du canton où il s'est établi.

La CORNEILLE NOIRE, CORBEAU CORNEILLE (*corvus coronè*) d'un tiers plus petite que le corbeau, a environ un mètre d'envergure; tout son plumage est d'un noir-violet. Elle se rapproche beaucoup du corbeau par un grand nombre d'habitudes; elle se familiarise plus aisément; comme lui, elle apprend à parler; elle a les mêmes inclinations pour enlever, transporter, accumuler et cacher ce qu'elle rencontre ; elle n'a peut-être pas l'esprit imitateur aussi développé et elle est moins méchante.

Pendant l'automne et l'hiver, la corneille, *Corbine, graille, graillot, grolle, couale, couar, ou crouas* (suivant les contrées) se tient durant la journée sur les terres nouvellement labourées ou ensemencées. Le soir, vers le coucher du soleil, ces oiseaux forment des bandes, prennent leur essor, et regagnent les bois ou les forêts où ils se retirent sur certains arbres qu'ils ont adoptés pour y passer la nuit. Ils en redescendent au lever de l'aurore pour aller, comme la veille, chercher leur pâture. Leur vol, dans les trajets qu'ils font soir et matin, est assez élevé, mais lent, lourd et pesant : Elles croassent souvent en volant ; elles se suivent les unes les autres ; on voit les bandes se succéder ; et, il est à présumer qu'elles sont formées de quelques familles réunies avec les petits de la dernière nichée.

Au printemps, les corneilles se retirent dans les bois, et l'abondance des vivres de toutes espèces leur épargne de longues courses : Elles mangent beaucoup d'œufs des autres oiseaux, et spécialement ceux de perdrix.

A cette époque, elles s'isolent deux à deux, se choisissent, comme le corbeau, une certaine étendue de territoire, construisent sur des arbres élevés un nid formé en dehors de menues branches, mastiqué de terre et de fiente d'animaux et tapissé intérieurement de racines menues. La ponte est de quatre ou cinq œufs d'un blanc bleuâtre ; l'incubation est de vingt jours.

Le père et la mère ne se séparent plus ; ils ont beaucoup d'attachement l'un pour l'autre et non moins d'affection pour leurs petits. Les corneilles ont à se défendre, pendant qu'elles couvent, contre les attaques des oiseaux de proie et spécialement de la pie-grièche qui parvient souvent à dérober leurs œufs.

Mais il faut bien dire que les corneilles ne se comportent pas mieux à l'égard des oiseaux plus faibles ; et, quand elles ne sont pas troublées, elles pillent les nids, s'emparent des œufs qu'elles ont l'adresse de percer et de transporter en volant, au bout de leur bec qui ferme l'ouverture qu'elles ont pratiqué.

On chasse les corneilles de différentes manières : On en tue beaucoup au fusil; on les empoisonne avec des morceaux de viande auxquels on a mêlé des râpures de noix vomique. Cette chasse est dangereuse en ce sens que des personnes mangent quelquefois la chair des corneilles et peuvent elles-mème s'empoisonner.

Dans certaines campagnes, on perce des fèves de marais encore vertes avec une aiguille ou une épingle sans tête qu'on laisse dans la fève. Pendant l'hiver, on répand sur la terre ces appâts dont les corneilles sont très friandes; elles ne les ont pas plutôt digérés qu'elles languissent et meurent parce que l'aiguille ou l'épingle leur reste dans les intestins.

Mais la chasse la plus curieuse se fait pendant l'hiver, au temps des neiges, au moyen de morceaux de viande crue placés dans le fond de petits cornets dont l'entrée est enduite de glu. On dispose ces cornets dans la neige; et, dès que les oiseaux aperçoivent la viande, ils plongent la tête dans le piège qui les encapuchonne sans qu'ils puissent se débarrasser de cette singulière coiffure qui les aveugle. On les voit alors s'envoler, s'élever en ligne droite, monter à perte de vue, jusqu'à ce que, leurs forces étant épuisées, elles tombent excédées de fatigue.

Les charognes, les immondices, les vers, les limaçons, les chenilles, les grenouilles, le petit gibier, les œufs d'oiseaux constituent la nourriture ordinaire de la corneille qui est omnivore comme le corbeau.

La Corneille cendrée, Corneille d'hiver ou Corneille mantelée (*Corvus cornix*) n'habite nos campagnes que pendant l'hiver, et vit absolument comme la corneille noire avec laquelle on la rencontre fréquemment. En été, elle se retire dans les pays de montagnes où elle niche dans les pins élevés.

Son plumage d'un noir violet offre comme un mantelet cendré varié de taches noires.

Le Corbeau freux (*Corvus frugilegus*) *frayonne, grolle, ou graie*, est très charnu et tient le milieu entre le corbeau et la corneille; il est fort criard, et c'est l'espèce la plus nombreuse. Tout son plumage est d'un noir-violet, plus brillant sur le corps qu'au dessous. Ces oiseaux sont, chez nous, beau-

Oiseaux et insectes.

coup plus nombreux en hiver qu'en été; lorsque leurs bandes se répandent dans nos champs, c'est un indice de l'approche de la mauvaise saison.

Beaucoup de personnes confondent le freux avec la corneille, mais les laboureurs distinguent facilement ces oiseaux. Ils ont observé que chez le freux la base du bec est entourée d'une peau nue, d'un gris-noirâtre, souvent farineuse, tandis que les autres corneilles ont, au même endroit, des plumes qui reviennent en avant. Ce n'est pas que naturellement il ne pousse aussi quelques plumes autour de la base du bec de ces oiseaux, mais à mesure qu'elles croissent, elles sont détruites par l'habitude qu'ils ont d'enfoncer le bec fort avant dans la terre, pour en tirer les graines et les vers qui s'y trouvent. A la longue, le germe de ces plumes s'épaissit; la peau se durcit, s'écaille, devient calleuse et couverte d'aspérité.

Le freux diffère encore de la corneille en ce qu'il n'a guère de goût pour la chair et qu'il ne s'approche pas des viandes putréfiées. Il se nourrit de grains et d'insectes, particulièrement de larves de hannetons ou vers blanc dont il fait une consommation extraordinaire.

Il vole pendant tout l'hiver par bandes nombreuses, se répand durant le jour sur les terres labourées, et retourne le soir coucher au bois.

On lui reproche de causer de grands dommages dans les terres nouvellement ensemencées, et de n'être pas moins nuisibles aux récoltes prêtes à moissonner; les torts qu'on lui impute font que, dans certains pays, sa tête est mise à prix.

Les cultivateurs cherchent à éloigner les freux en faisant beaucoup de bruit, en jetant des pierres, en attachant aux arbres des espèces de moulins à vent, en plaçant des épouvantails dans les terres ensemencées : Tous ces moyens sont le plus souvent infructueux. Ils donnent à ces oiseaux le nom caractéristique de *Corneille moissonneuse.*

Les freux placent leurs nids sur des arbres élevés, souvent près des lieux habités, il n'est pas rare de voir une douzaine de nids sur le même arbre.

Nous ne parlerons pas du Corbeau choucas (*Corvus monedula*) qui élève ses petits dans les trous des vieux édifices et qui n'est pas un habitant des bois.

La Pie commune ou Pie vulgaire (*Garrula pica*, ou *Pica caudata*) est un oiseau omnivore par excellence, dont il n'est guère facile de prendre la défense, même quand on est convaincu que tous ont reçu une mission providentielle, et que cette espèce, en particulier, détruit des insectes, des vers de terre et beaucoup de larves de hannetons.

« La robe de la Pie vulgaire, dit un naturaliste, est simple, mais élégante en même temps, elle diffère peu dans les deux sexes.

La tête, le cou, le dos, la presque totalité de la poitrine, les sous-caudales, les jambes sont d'un noir profond, velouté, avec des reflets métalliques d'un vert bronzé, au front et au vertex; les scapulaires, les barbes externes des rémiges primaires, le bas de la poitrine et de l'abdomen sont d'un blanc pur; les ailes et la queue d'un noir à reflets verts, bleus pourpres et violets; l'iris est brun foncé; le bec et les pieds sont noirs. »

Tout le monde connaît cet oiseau, dont la physionomie est tellement spéciale qu'il suffit de l'avoir vu une seule fois pour ne plus le confondre avec les autres espèces.

La pie habite de préférence les bouquets de bois isolés au milieu des champs, la lisière des forêts, les jardins et les vergers, les rives des cours d'eau.

On la voit souvent, au bord des grandes routes où elle vient fouiller les excréments des animaux, et plus fréquemment encore dans les pâturages où il lui est facile de se livrer à cet exercice qui semble beaucoup lui plaire. Elle marche tantôt gravement en balançant son corps et hochant la queue comme la bergeronnette, ou bien par petits sauts obliques; elle ne vole que lorsqu'elle y est forcée, et se borne à passer d'arbre en arbre, de buisson en buisson.

Elle aime à jacasser, à babiller continuellement et d'une manière assourdissante : Le soir et le matin on entend ces oiseaux qui font un tapage infernal dans les futaies ou dans les peupliers; aussi l'adage populaire; *causer comme une pie* rend-il exactement la pensée qui s'y attache.

Comme le corbeau, elle s'empresse de recueillir et de cacher les petits objets qu'elle rencontre et surtout ceux qui sont brillants.

En captivité, elle s'apprivoise facilement; on la nourrit de viande, de pain, de fromage; on l'habitue à sortir de sa cage et à y rentrer; elle apprend des mots et des airs qu'elle répète. *Margot* est le nom populaire de cet oiseau, parce que c'est le mot qu'on lui apprend le plus souvent, et qu'elle répète avec beaucoup de facilité.

La pie place son nid à la cime des arbres les plus élevés; quelquefois, pourtant, e'le l'établit dans un buisson, dans une haie. Formé à l'extérieur de buchettes et d'épines entrelacées avec un certain art, l'intérieur se compose d'une espèce de coupe de terre gâchée avec du fumier et est tapissé de petites racines et de duvet emprunté à certains arbres du voisinage.

La femelle pond quatre, cinq ou six œufs verdâtres, avec des taches brunes; l'incubation dure trois semaines. Les deux parents nourrissent les petits et leur témoignent le plus grand attachement. C'est à cette époque que les pies exercent de terribles ravages dans les basses-cours des fermes; malgré l'active surveillance des ménagères, elles enlèvent chaque jour des poussins, des canetons et même de petits oisons; lorsque cette ressource leur manque, elles se mettent en quête de nids d'oiseaux, brisent les œufs ou tuent les petits.

Malgré toutes leurs déprédations, on ne peut nier qu'elles ne rendent de sérieux services à l'agriculture en détruisant une quantité innombrable d'insectes qui s'attaquent à nos récoltes et à nos arbres fruitiers.

Le Geai glandivore (*Garrulus glandarius*) est plus petit que la pie dont il diffère essentiellement par son plumage. Le derrière de la tête de cet oiseau est roux; le dos, de couleur plus pâle, passe au cendré; les plumes voisines du croupion sont blanchâtres; la queue, tiquetée de blanc, est beaucoup plus courte que celle de la pie; la poitrine et le rentre sont d'un cendré pâle, ainsi que les pieds ; des taches carrées, les unes d'un bleu clair, d'autres d'un bleu plus foncé se voient sur l'aile ; les yeux sont gris-bleu ; les ongles, un peu crochus sont noirs de même que le bec qui est fort et robuste. Le mâle est un peu plus gros que la femelle et les plumes de sa tête, plus noires, forment une espèce de huppe ; celle de ses ailes sont d'un beau bleu.

Le geai a, à peu près, les habitudes de la pie : même pétulance, même brusquerie dans ses mouvements, même antipathie pour le repos ; même propension à caqueter ; mais il est moins défiant et tombe plus facilement dans les pièges qu'on lui tend.

La vue d'un carnassier, d'un chien, d'un renard, d'un oiseau de nuit, l'inquiète, l'agite. Aussitôt qu'il flaire un danger, il pousse un cri aigu, et ce signal rassemble tous les geais des environs qui continuent de crier tous ensemble comme si leur nombre et le bruit qu'ils font pouvait diminuer le péril qu'ils semblent craindre. Cette habitude, au contraire, leur est souvent funeste, et rend plus facile la chasse qu'on leur fait.

Elevé en cage, il apprend à parler et à siffler ; il imite avec facilité les sons qu'il entend. Il contrefait la voix de plusieurs sortes d'oiseaux, se rend familier, et s'habitue facilement à sa domesticité pourvu qu'il ait été pris jeune. On le nourrit comme la pie ; il n'est pas difficile sur le choix des aliments, et peut vivre ainsi huit à dix ans.

Il se plaît à dérober les objets qu'il rencontre, une pièce de monnaie, un dé à coudre, des bijoux, et il les cache avec le plus grand soin.

Les geais vivent dans les bois d'où ils font de fréquentes excursions autour des habitations voisines. Ils placent, dans les chênes les plus touffus, leur nid composé de racines entrelacées, dans lequel la femelle dépose quatre ou cinq œufs d'un gris-verdâtre parsemés de taches plus foncées. Les petits restent avec les parents jusqu'au printemps de l'année suivante ; leur plumage s'embellit à mesure qu'ils avancent en âge.

Ces oiseaux ont le gosier si ample qu'ils avalent, tout entier, les glands qui constituent le fonds de leur nourriture, en automne et en hiver. Pendant l'été, il vole des pois verts, des haricots, des groseilles, des pommes, des cerises; mais, pour être juste, il faut ajouter qu'il fait une grande consommation d'insectes de toutes sortes, qu'il détruit une grande quantité de sauterelles et de vers blancs de hanneton. Toujours comme la pie, il s'attaque aussi aux petits oiseaux.

Le geai emploie pour échapper au chasseur et pour détourner son attention, un stratagème bien curieux : Il contrefait la voix, le chant des hommes ou celui des oiseaux. Il aboie, il miaule, il bêle, et de temps en temps, il pousse un éclat de rire qui, répété par les échos du bois, produit l'effet le plus extraordinaire.

Lorsque, par une belle soirée d'été, vous longez la lisière des bois, il vous arrive parfois de rencontrer un de ces rôdeurs nocturnes dont le vol, habituellement silencieux comme celui de la chouette, devient bruyant quand il chasse, le bec ouvert, en fendant l'air avec vitesse. Cet oiseau est l'Engoulevent ordinaire ou Engoulevent d'Europe (*Cuprimulgus Europœus*), l'un de nos insectivores les plus utiles, qui poursuit sa proie pendant que les autres se livrent au repos.

L'Engoulevent, Tête-chèvre, Crapaud-volant, est à peu près de la grandeur d'un coucou; ses yeux sont très développés comme ceux des oiseaux de nuit; sa poitrine et le dessus de son corps sont ondulés de gris, de noir, de brun, de roux et d'un peu de blanc; le derrière de la tête est tiqueté de brun et ondé de noir, la queue est longue; elle est de la couleur du dos et des ailes avec des barres triangulaires transversales noires et rousses; elle est, en outre, marquetée de noir et de rouge. Le mâle a une grande tache blanche presque au milieu des ailes, les cuisses sont bien emplumées; les pieds sont petits et velus; les ongles sont noirs et celui du milieu est dentelé comme la lame d'une scie. Le bec de ces oiseaux largement fendu, est muni à sa base de poils longs et roides qui concourent à diriger les insectes dans leur gosier où ils sont retenus par une sorte de glu naturelle.

Les engoulevents sont des oiseaux de passage; ils arrivent

vers le mois d'avril et repartent vers le milieu de septembre; ils se nourrissent de toutes sortes d'insectes nocturnes et détruisent des myriades de hannetons, de papillons et de larves. De temps en temps, pendant leur chasse, on les voit interrompre leur vol, se laisser tomber comme une balle, et saisir par terre, avec une rapidité incroyable, quelque proie qui veut fuir.

On appelle l'engoulevent *Crapaud-volant*, à cause du cri qu'il fait entendre; parce que, pendant le jour, il se tient à terre, étendu sur le ventre, comme un crapaud; et surtout parce que son bec court et large, a quelque ressemblance avec la gueule de cet animal. Son nom de *Tête-chèvre* est basé sur le préjugé absurde qu'il tète les chèvres pendant la nuit, et que cette succion; non seulement tarit leur lait, mais encore les fait fatalement mourir.

Son nom scientifique CAPRIMULGUS signifie *oiseau qui trait les chèvres*.

La femelle pond deux ou trois œufs brunâtres, son nid est sur la terre, presqu'à nu, dans un trou peu enfoncé ou dans une cavité entourée de pierrailles.

Le cri que fait entendre le mâle avant de commencer sa chasse est très sonore et ressemble au bruit que produit un rouet à filer.

CHAPITRE XII

La Buse vulgaire. — Ses chasses. — Son utilité. — Combats de buses contre des vipères. — La Buse bondrée. — Le Milan royal. — L'Epervier commun. — L'Autour. — La Crécerelle. — Le Hobereau. — L'Emérillon. — Le Faucon pèlerin. — Ses habitudes. — Ses mœurs. — Son courage. — Les exploits d'un faucon devant Sébastopol.

La BUSE VULGAIRE, BUSE COMMUNE, BUSE VARIABLE (*Buteo vulgaris* ou *variabilis*) est après l'aigle et le condor le plus grand de nos oiseaux de proie; elle a jusqu'à un mètre soixante centimètres d'envergure.

Le plumage de ces oiseaux est tellement variable qu'on trouve rarement deux buses absolument semblables : Il en est qui sont d'un brun noir presque uniforme, avec la queue rayée; d'autres qui ont le dos brun, de même que la poitrine et les cuisses, avec le reste du corps d'un gris brun clair marqué de taches transversales; quelques unes ont un plumage brun clair avec de longues bandes longitudinales; d'autres sont d'un blanc jaunâtre avec la poitrine tachetée et les plumes des ailes et de la queue plus foncée.

La buse, ainsi que tous les oiseaux de proie, a la vue perçante; elle est armée d'un bec noirâtre, pointu, un peu recourbé et de griffes noires puissantes et vigoureuses. Ses pieds et la membrane qui couvre la base du bec sont jaunes. Lorsqu'elle est en colère, elle ouvre le bec et y tient pendant quelque temps sa langue avancée jusqu'à l'extrémité.

Cet oiseau demeure pendant toute l'année dans nos forêts et Buffon prétendait qu'il était assez stupide soit à l'état de domesticité, soit à l'état de liberté : De là l'épithète de *Buse* appliquée à un individu peu intelligent. La buse, au contraire est assez bien douée sous le rapport de l'intelligence ; en liberté comme en captivité elle fait preuve de prudence, de ruse et de jugement, et de l'avis de tous les naturalistes contemporains, celui-là seul qui ne l'a pas observée ose la taxer de stupidité.

S'il lui arrive quelquefois de dévorer des levrauts, des lapins, des perdrix et des cailles elle vit surtout de grenouilles, de serpents, de lézards, d'insectes et d'une quantité de petits rongeurs qui causent le plus de dégâts dans nos champs et dans nos bois. Une buse en consomme de quarante à cinquante par jour ; Blasius en compta trente dans l'estomac d'un seul individu ; un autre observateur ouvrit les estomacs de cent buses et n'y trouva que des mulots et des campagnols. Comptons, en moyenne, dit Lenz, dix petits rongeurs par jour, pour une seule buse, cela fait par an 3.630 de ces ennemis dont un seul oiseau assure la destruction. On peut, sans exagération, porter la moyenne quotidienne à trente, et compter par conséquent 10.000 rongeurs pour la moyenne annuelle ; et peut-être n'exagère-t-on pas en assurant qu'un couple de buse, avec trois petits, détruit en une année 50.000 rongeurs !

La buse choisit, pour construire son nid, un arbre qui lui convient :

Elle y porte des branches qu'elle dispose, les plus grosses en dessous, les plus petites en dessus ; elle tapisse l'excavation avec de petites ramilles et y ajoute quelquefois de la laine ou d'autres matériaux légers ; parfois aussi, elle s'empare tout simplement d'un nid abandonné de corneille ou de corbeau. La ponte est de deux ou trois œufs blanchâtres, tachetés de jaune ; la femelle couve seule, mais les deux parents nourrissent et soignent les petits.

Nous avons parlé, tout à l'heure, des services rendus par la buse : Elle fait en outre une destruction considérable de vipères et ce n'est pas son moindre mérite. Lenz a fait de nombreuses et intéressantes observations sur les combats des buses avec les serpents.

Il offrit à de jeunes buses des couleuvres qui malgré leur résistance et leurs sifflements désespérés furent tuées, divisées en tronçons et avalées. Il présenta ensuite à ses pensionnaires une vipère de forte taille qui les fit battre en retraite. Les oiseaux se sentaient encore trop faibles et n'étaient pas suffisamment aguerris pour s'exposer aux morsures d'un reptile que leur instinct leur faisait deviner être venimeux.

« L'issue de cette expérience, dit Lenz, n'avait pas répondu à mon attente. Il était fort singulier de voir un oiseau, qui avait attaqué déjà des serpents et des rats, reconnaître ainsi instinctivement un serpent venimeux et refuser le combat. Cependant, mes buses n'étaient pas encore complètement adultes; la nombreuse assistance pouvait les avoir effrayées je les avais vues, de plus, manger avec avidité des morceaux de vipère; l'odeur de ce serpent ne pouvait les avoir retenues, car la buse se guide par la vue et nom par l'odorat. C'est du premier coup d'œil qu'elles avaient reconnu leur ennemi mortel. Aussi, ne désespérai-je pas et recommençai-je deux jours après une nouvelle tentative, mais devant quelques personnes seulement.

» Je jetai d'abord à la buse un orvet qu'elle prit et avala tout vivant. Je mis alors devant elle une petite vipère brune. Aussitôt elle hérissa son plumage, leva les ailes, poussa un cri perçant, puis, sûre cette fois de sa supériorité, fondit sur son ennemi, le prit entre ses serres par le milieu du corps, et battit vigoureusement des ailes, en criant. Elle se comporta d'une manière toute différente de ce qu'elle avait fait à l'égard des serpents non venimeux. Consciente du danger, elle tenait la tête relevée. La vipère s'enroulait autour de ses pattes, sifflait, donnait des coups de dents de tous côtés, mais qui se perdaient sur les plumes hérissées et sur les ailes. D'un coup de bec prompt et vigoureux, la buse lui fracassa alors le crâne. La vipère eut encore quelques convulsions, et lorsqu'elle fut morte, l'oiseau l'avala la tête la première.

» Elle regarda fièrement de tous côtés, demandant à livrer un nouveau combat. Je mis à peu de distance d'elle une jeune vipère, d'environ 13 pouces de long. Celle-ci eut le temps de s'enrouler; ses sifflements, sa gueule largement ouverte, ses yeux flamboyants, fixés sur la buse, indiquaient bien évidemment qu'elle avait reconnu une ennemie. Prudemment,

les ailes relevées, la buse s'avança ; c'était un spectacle attachant que je n'osai pas troubler immédiatement. Je finis cependant par jeter une grenouille sur la vipère. Aussitôt la buse
s'élança et prit entre ses serres la grenouille et le reptile.
Celui-ci se retourna, siffla, mordit tout autour de lui. La
buse agitait continuellement ses ailes, relevait la tête ; puis
elle porta subitement un vigoureux coup de bec à la tête de
la vipère. Celle-ci se dégagea et chercha encore à mordre. Un
nouveau coup sur la tête l'étourdit, mais elle revint à elle et
essaya encore une fois ses dents. A ce moment, la buse lui
fracassa complètement la tête et attendit que ses forces fussent complètement épuisées pour l'avaler.

» Le deux août, mes buses avaient à peu près atteint l'âge
adulte. La plus petite était sur l'établi, la grande à terre. Je
mis devant celle-ci une grande vipère, qui siffla et chercha à
mordre. La buse restait tranquille, les plumes hérissées,
attendant le moment favorable pour attaquer. Ayant jeté
une grenouille derrière la vipère, la buse prit aussitôt son
élan, saisit le reptile par le milieu du corps, et se disposait
à l'emporter dans un coin, lorsque la seconde buse vint
prendre le reptile par la queue. Les deux oiseaux se disputèrent
cette proie, chacun la tenant avec une patte et de l'autre
frappant son compagnon. Je me hâtai de les séparer, et
laissai la vipère à celui qui l'avait saisie le premier. Il la
tenait dans ses serres, criant et battant des ailes ; la vipère
sifflait, donnait des coups de dent, tantôt dans l'air, tantôt
sur les plumes, ou sur la cuirasse écailleuse des pattes, la
tête étant en dehors de ses atteintes. La buse lâcha le reptile,
mais pour le ressaisir aussitôt plus au milieu du corps, et
d'un coup de bec lui broya la tête. Elle attendit que ses
mouvements eussent complètement cessé ; puis elle mangea
la tête, le cou, et enfin le reste du corps. Ce lui fut un bon
morceau, car la vipère avait plus de deux pieds de long
et renfermait plusieurs œufs. Non seulement la buse ne laissa
rien, mais elle avala encore une grenouille immédiatement après.

» Pendant ce temps, je mis une nouvelle vipère en présence
de la seconde buse, qui, sans hésiter, fondit sur elle, la saisit
en criant, en battant des ailes, et attendit un moment favorable pour lui broyer la tête. La vipère s'étant redressée

aurait pu facilement mordre son ennemie, si elle n'avait pas été trop maladroite. La buse la lâcha, mais pour lui prendre la tête avec une de ses serres. Au moment où le reptile faisait effort pour la dégager, nu vigoureux coup de bec la lui broya. L'oiseau fit ensuite son repas, en commençant, comme toujours, par avaler la tête.

» Cependant la première buse n'avait pas remporté une victoire sans péril. Pendant qu'elle était en train de manger, j'avais déjà remarqué que sa patte gauche se paralysait, et elle ne tarda pas à enfler à la naissance des doigts. A cet endroit, la patte n'est protégée que par de petites écailles, et la dent venimeuse du serpent avait pu l'entamer. Les dents du rat, quelque tranchantes qu'elles soient, sont impuissantes à couper les écailles résistantes de la patte de la buse; mais les dents des serpents qui ressemblent à autant de fines aiguilles peuvent les traverser. Sans donner de signes de douleur, la buse se contenta de relever le membre malade, et digéra son repas tout tranquillement. La patte saine saignait aussi; une écaille en avait été arrachée, non par une morsure de la vipère, mais plutôt, à ce que je crois, par un coup donné par la seconde buse. A la tombée de la nuit, le gonflement avait déjà diminué; le lendemain, il était à peine marqué et l'oiseau commençait à se tenir sur sa patte; le troisième jour, il était complètement remis. »

Il ne faudrait pas croire, cependant, que les buses soient réfractaires à l'action du venin, et qu'elles luttent toujours impunément contre les vipères. On a, de rares exemples, il est vrai, de buses qui, atteintes à une partie vasculaires, sont mortes des suites de la morsure des terribles reptiles.

La Buse Bondrée (*Buteo apivorus*) a tant de traits de ressemblances avec la buse vulgaire qu'il est facile de confondre ces deux oiseaux, malgré la différence d'habitudes qui caractérise chacune de ces deux espèces.

Presque aussi grosse que la buse commune, la bondrée a environ un mètre quarante centimètres d'envergure; son bec est un peu plus long que celui de sa congénère; la peau nue qui en couvre la base est jaune épaisse et inégale; l'iris des yeux est d'un beau jaune; les jambes et les pieds sont de la même couleur, et les ongles, qui ne sont pas très crochus sont forts et noirâtres ; le sommet de la tête paraît large et aplati ; il est d'un gris cendré tournant au bleuâtre.

Son nid est composé de bûchettes et tapissé de laine à l'intérieur ; les œufs sont de couleur cendrée, marquetée de petites taches brunes. Elle niche quelquefois dans de vieux nids de corneilles, de corbeaux ou de milan.

La bondrée se nourrit de mulots, de lézards, de grenouilles, de divers insectes et spécialement de chrysalides de guêpes.

« Nous avons presque toujours rencontré dans l'estomac des bondrées, est-il dit dans la Revue de zoologie (juillet 1869) au mois de septembre, deux à trois décilitres de guêpes, sans mélange, dans ce cas particulier, d'autre nourriture ; ce qui prouve que ces insectes forment leur aliment de prédilection. Elles n'ont pas même le défaut d'attaquer les abeilles ; car, dans les litres de guêpes qui nous sont passés sous les yeux, nous n'avons jamais découvert une abeille. »

La femelle est, dans cette espèce, comme dans toutes celles des oiseaux de proie, notablement plus grosse que le mâle ; tous deux piètent et courent, sans s'aider de leurs ailes, aussi vite que nos coqs de basse-cour.

La bondrée est moins commune que la buse. Sa manière ordinaire de chasser consiste à se placer sur les arbres, en plaine, pour épier sa proie. Elle ne vole guère que d'arbre en arbre et de buisson en buisson, toujours bas, et sans s'élever, comme le milan auquel elle ressemble assez par certaines habitudes, mais dont on pourra toujours la distinguer de près et de loin, tant par son vol que par sa queue qui n'est pas fourchue.

Le MILAN ROYAL (*Falco milvus, milvus regalis*) est un oiseau de haut vol, qui ne pèse pas plus de un kilogramme, et qui a plus de un mètre cinquante centimètre d'envergure. Son bec est noir vers l'extrémité ; ses yeux sont larges, avec l'iris d'un beau jaune pâle ; ses jambes et ses pieds sont également jaunes avec les ongles noirs ; la serre du milieu est tranchante. Sa queue est très fourchue, et ce dernier caractère suffit à le faire reconnaître. Les plumes de la tête, de la gorge et du haut du cou sont longues et étroites : sa couleur dominante est une nuance grisâtre sur certaines parties, rousse sur les autres, marquée de taches brunes oblongues dans le sens des plumes ; les cinq premières grandes pennes des ailes sont noires, les autres sont brunes ; celles de la queue sont rousses terminées par du blanc.

Lorsqu'il vole, le milan royal étend ses longues ailes et se balance dans l'air, où il demeure longtemps, pour ainsi dire immobile ; il dirige à son gré tous ses mouvements à l'aide de sa queue. Toujours maître de son vol, il le précipite, le ralentit, s'élance ou demeure suspendu au même point, suivant les circonstances ; sa vue est très perçante.

Quoiqu'il soit vigoureux, cet oiseau est lâche ; il ne donne la chasse qu'aux mulots et aux jeunes oiseaux ; il n'accepte le combat que lorsqu'il ne redoute aucun danger. A défaut d'oiseaux, il mange des reptiles, des sauterelles, les corps en putréfaction. Il s'approche des lieux habités enlève les jeunes canards, les oisons et les poulets ; mais, la colère d'une poule suffit pour le faire fuir.

Doué de toutes les facultés qui devraient lui donner du courage et de la confiance, ne manquant ni d'armes, ni de force, ni de légèreté le milan refuse le combat ; il fuit devant l'épervier, beaucoup plus petit que lui, et s'élève, toujours en tournoyant pour se cacher dans les nues, jusqu'à ce que son rival, plus actif, plus courageux, l'atteigne, le rabatte à coups d'ailes, de serres et de bec, et le ramène à terre, moins blessé que battu, et plus vaincu par la peur que par la force de son ennemi.

Mais nous serons juste et indulgent en rappelant que la serre étant la première arme des oiseaux de proie, c'est à elle que se mesure leur courage. La serre du milan est courte et peu flexible ; celle de l'épervier, au contraire, est puissante et se prête à tous les mouvements.

L'Epervier commun (*Falco nisus*, ou *Nisus communis*), très répandu dans nos contrée, a le plumage supérieur brun avec une teinte roussâtre bordant chaque plume chez la femelle ; tout le plumage inférieur est d'un blanc moucheté de brun. Le fond de cette livrée varie suivant l'âge et devient de moins en moins foncé. L'iris est jaune ; la base du bec est bleuâtre dans la femelle et l'extrémité est noirâtre; le noir est plus étendu sur le bec du mâle; la peau nue qui couvre le bec, à son origine, est d'un jaune verdâtre. Les cuisses sont fortes et charnues; les jambes menues, longues, jaunâtres; les doigts fort longs, très déliés; les ongles noirs.

On donne le nom d'*épervier* à la femelle, et le nom de *petit épervier* ou *tiercelet* au mâle; on appelle encore ce dernier *mouchet*, ou *émouchet*.

L'envergure de ces oiseaux est de trente-cinq à quarante centimètres.

L'épervier est plein d'ardeur et de feu; il est docile et susceptible d'être dressé pour la chasse de la perdrix et de la caille. Dans l'état de liberté, il fait une guerre cruelle aux petits oiseaux en général; il prend souvent les pigeons écartés, et c'est dans cette intention qu'on le voit rôder autour des colombiers. Il ne dédaigne pas les lapereaux; et, il est si hardi et si intrépide qu'il poursuit les faisans, le merle, l'étourneau, la grive, et qu'il attaque la pie et le geai.

L'Autour (*Astur palumbarius*) beaucoup plus grand que l'épervier auquel il ressemble néanmoins par certaines habitudes naturelles a les jambes plus longues que les autres oiseaux qu'on pourrait lui comparer. Ses yeux sont rouges, et cette couleur s'accentue à mesure qu'il vieillit. On observe, dans les autours de France, une grande variété de plumage, tant dans le mâle que dans la femelle : le même oiseau diffère essentiellement dans les différents âges de la vie. Avant sa première mue, c'est-à-dire pendant la première année, il porte sur la poitrine et sur l'abdomen des taches brunes perpendiculaires, longitudinales; mais, lorsqu'il a subi les deux premières mues, ces taches longitudinales disparaissent, et il s'en forme de transversales qui durent ensuite pour tout le reste de la vie. Le mâle, bien moins gros que la femelle a été nommé *tiercelet d'autour*; il est plus féroce que sa compagne, et ils sont l'un et l'autre assez difficiles à apprivoiser. Leur naturel est si sanguinaire que lorsqu'on laisse un autour en liberté avec des faucons, il les tue les uns après les autres. Ils se nourrissent de souris, de mulots, de petits oiseaux; ils se jettent avec avidité sur la chair saignante et refusent la viande cuite; on n'arrive à la leur faire accepter qu'en les faisant jeûner. Avant de manger les oiseaux, ils les plument proprement et les dépècent, tandis qu'ils avalent les souris tout entières.

Le cri de l'autour est rauque et finit toujours par des sons aigus, d'autant plus désagréables qu'il les répète souvent. Cet oiseau marque une inquiétude continuelle dès qu'on l'approche; il semble s'effaroucher de tout, en sorte qu'on ne peut passer près d'une volière où il est retenu, sans le voir s'agiter violemment et l'entendre jeter des cris répétés.

« Les autours, est-il dit dans la Revue de zoologie, posent leur aire sur les arbres, à une grande hauteur, et y reviennent plusieurs années de suite si elle n'a pas été détruite, bien que leurs petits aient été dénichés. Ils sont plus audacieux que les aigles lorsqu'ils ont à pourvoir à l'alimentation de leur famille. La présence du chasseur et même les coups de fusil ne paraissent pas alors les intimider. Les autours ont-ils plus de courage que les aigles, ou leurs petits, du reste plus nombreux, supportent-ils plus difficilement la faim que les aiglons? L'excessive voracité des jeunes autours nous ferait incliner vers cette dernière hypothèse. »

La CRÉCERELLE (*Falco tinnunculus*), *émouchet*, *épervier des alouettes*, *ratier*, *pitri*, *preneur de mulots* est un oiseau de proie très commun dans nos campagnes et autour des lieux habités.

La crécerelle a environ quatre-vingt centimètres d'envergure; sa tête est cendrée avec un trait noir au-devant de l'œil; le dessus du corps est d'un roux vineux et moucheté sur la poitrine et le ventre de raies noires; les pennes de la queue sont cendrées et se terminent par du noir et du blanc; les grandes plumes des ailes sont d'un brun noir, bordé de blanchâtre à l'extérieur. La femelle a le dessus du corp moins foncé que le mâle, mais son manteau est beaucoup plus chargé de mouchetures d'un brun noir.

Cet oiseau prend beaucoup de mulots qu'il avale sans les dépécer; il vit aussi de petits oiseaux, et enlève quelquefois des cailles, des perdrix et des pigeons; il rôde autour des colombiers; tue sa proie et, en arrache les plumes avant de s'en repaître.

Lorsque la crécerelle a découvert quelque victime à immoler, elle s'élance comme un trait et l'atteint du premier assaut; si elle échappe, elle la poursuit avec une telle vitesse et tant d'acharnement, qu'elle se précipite souvent dans le plus grand danger sans le prévoir. C'est ainsi qu'il n'est pas rare de voir une crécelle entrer dans un appartement en poursuivant un moineau qui, pour échapper à son ennemi, a profité d'une fenêtre ouverte.

Quelquefois, pour se choisir une proie, on la voit planer à une très grande hauteur en décrivant un cercle; il y a peu d'oiseaux qui, dans ce vol, emploient moins de mouvements et glissent avec plus d'aisance d'un lieu à l'autre, ou qui se soutiennent plus longtemps au même point par un battement d'ailes court et précipité.

Quoique la crécerelle fréquente souvent les bâtiments abandonnés, elle y niche rarement; elle se retire dans les bois pour y faire sa ponte. Elle dépose ses œufs dans des troncs de vieux arbres, ou se construit, au haut des arbres les plus élevés, un nid composé de brindilles de bois et de racines grossièrement entremêlés; quelquefois aussi, elle profite d'un vieux nid de pic, de corbeau ou de corneille. La ponte est de quatre œufs blancs, marqués de taches rousses. Les parents apportent aux jeunes des insectes comme première nourriture; ils leur donnent ensuite des mulots.

Ces oiseaux s'apprivoisent facilement quand ils sont pris jeunes; ils sont susceptibles d'être dressés et se montrent très courageux.

Le Hobereau (*Falco subbuteo*) est plus petit que l'épervier Le plumage supérieur de cet oiseau est brun; il existe deux petites bandes sur les côtés de la tête; l'une horizontale et d'un blanc sale, au-dessus de l'œil; l'autre oblique et brune au-dessous de l'œil. La gorge et le devant du cou sont blancs; le dessous du corps est, antérieurement, moucheté de larges traits bruns, sur un fond blanchâtre; le reste du ventre, les cuisses et la queue sont bruns; l'iris est jaune, le bec bleuâtre; les pieds sont jaunes et les ongles noirs.

A moins qu'il ne soit dressé, le hobereau est lâche; il ne s'attaque qu'aux alouettes et aux cailles, mais il compense ce défaut de courage et d'ardeur par son industrie. Dès qu'il aperçoit un chasseur ; il le suit, plane au-dessus de sa tête, et tâche de saisir les petits oiseaux qui partent devant lui. Si le chien fait lever une alouette, une caille et que le chasseur les manque, le hobereau qui est aux aguets se précipite et s'en empare. Il paraît ne pas redouter l'effet des armes à feu, car souvent il s'approche assez pour se faire tuer au moment où il ravit sa proie.

Il fréquente les plaines voisines des bois, surtout celles où les alouettes abondent ; il en détruit un grand nombre, et elles connaissent si bien ce dangereux ennemi que, saisies d'effroi dès qu'elles l'aperçoivent, elles se précipitent du haut des airs pour se blottir et se cacher sous l'herbe et dans les buissons. C'est la seule manière dont elles puissent échapper ; car, malgré le vol élevé de l'alouette, le hobereau monte plus haut encore.

Ces oiseaux habitent et nichent dans les forêts où ils se perchent sur les arbres les plus élevés.

L'ÉMERILLON-ASALON, FAUCON ÉMERILLON (*Falco æsalon*) est le plus petit des oiseaux de proie et aussi le plus léger et le plus rapide. Il est, à peu près, de la grosseur d'un merle : Tout son plumage est d'un roux vineux, bigarré de raies transversales noires.

Ardent à la chasse, l'émerillon est vif et hardi, et il déploie, à la poursuite des oiseaux qu'il attaque, un courage extraordinaire. Il tue les perdrix en les frappant de son bec, sur la tête, et l'exécution est faite en un clin d'œil. Le mâle et la femelle sont à peu près de la même grosseur.

Le FAUCON PÉLERIN (*Falco peregrinus*), ou *faucon commun* est un grand et bel oiseau qui doit son nom à ses griffes en forme de *faulx*. Il est de la grosseur d'une poule et n'a pas moins de un mètre vingt centimètres d'envergure. La base du bec, en dessus, est entourée de petites plumes blanchâtres, inclinées en arrière. Le plumage de la tête, du cou et du corps est d'un brun noirâtre ; les couvertures des ailes sont d'un gris brun et chaque plume, à son extrémité, est rayée de brun noirâtre ; une raie brune descend de chaque côté de la gorge et présente la forme d'une moustache ; le plumage inférieur est blanc. Jusqu'à trois ans, il y a quelques mouchetures ou traits longitudinaux, d'un brun noir; le ventre et les jambes ont ces raies en travers.

Les faucons se plaisent sur les lieux élevés, au milieu des rochers et dans la solitude des montagnes ; ils n'en descendent en été que pour fondre sur leur proie, et en hiver pour chasser dans les plaines quand la rigueur de la saison et la disette les y contraignent. C'est dans les fentes des rochers les plus inaccessibles et à l'exposition du midi que ces oiseaux construisent leur nid. La ponte, qui a lieu dès la fin de l'hiver, est de quatre œufs ; l'incubation et l'accroissement des petits sont si rapide qu'on trouve des adultes de l'année dès la fin du mois de mai.

Le faucon est l'oiseau de proie dont le courage est le plus grand et le plus franc relativement à ses forces ; il fond sans détour et perpendiculairement sur sa proie ; il tombe à plomb sur sa victime, la tue, la mange ; ou, si elle n'est pas trop lourde, l'emporte en s'élevant perpendiculairement. Son apparition est tellement imprévue, tellement inopinée ; il arrive si vite et de si haut qu'on croirait qu'il tombe de nues.

Les faucons sont susceptibles d'éducation : Bien dressés, ils poursuivent le lièvre et même les bêtes fauves. Les annales de la fauconnerie nous ont conservé une foule d'histoires de faucons apprivoisés. Je me bornerai à rapporter un fait plus rapproché de nous, laissant à l'auteur la responsabilité de certains détails dans lesquels l'imagination à peut être joué son rôle.

« Devant Sébastopol, dit l'auteur de *Souvenirs de l'expédition de Crimée*, dans la journée du 4 novembre, au plus fort du bombardement, notre armée fit une perte regrettable : il ne s'agissait pourtant que d'un faucon, mais il faisait les délices des gardes des tranchées, par l'amusant spectacle qu'il leur donnait chaque jour.

» Il avait été amené en Crimée par un zouave, qui le tenait d'un chef arabe : les grands seigneurs Algériens ont presque tous un goût très prononcé pour la chasse au vol. Le zouave ne pouvant plus lancer son faucon contre le gibier, plus rare en Crimée qu'en Afrique, dressa l'oiseau à fondre sur un mannequin russe, coiffé d'une casquette, puis il l'habitua à rapporter cette casquette dans ses serres.

» Quand la nouvelle éducation du faucon fut terminée, il l'emporta avec lui dans les tranchées et le lança. L'oiseau prit son vol, aperçut des Russes couchés dans leurs embuscades, fondit sur l'un d'eux, enleva sa casquette et revint à tire d'aile, apportant son butin à son maître. On cria bravo sur toute la ligne des parallèles; les Russes étaient stupéfaits.

» Le faucon fut lancé une seconde fois; les sentinelles ennemies lui envoyèrent une volée de balles qui se perdirent inutilement. L'oiseau s'enleva à une grande hauteur, et nos adversaires purent croire qu'il s'était envolé pour toujours; ils se recouchèrent derrière leurs abris; soudain une sorte de pelote noire sembla se détacher du ciel, tomba avec une surprenante rapidité sur une embuscade, et décoiffa de nouveau une sentinelle. Les bravos redoublèrent dans nos lignes; les Russes étaient furieux.

» Plusieurs officiers envoyèrent chercher des fusils de chasse à Sébastopol; ils attendirent le retour du faucon. L'oiseau ne tarda pas à s'abattre sur un factionnaire, après avoir plané quelque temps. Les chasseurs, qui le guettaient, tirèrent; ils le manquèrent; l'un d'eux envoya même une charge de plomb dans le dos d'un soldat qui, stupéfait de recevoir une blessure par derrière, et ahuri par la douleur, se mit à courir vers nos tranchées, où il fut reçu avec tous les égards dus au courage malheureux. Le faucon continuait néanmoins le cours de ses exploits; toute la garnison était accourue derrière les remparts, chacun suivait anxieusement du regard les péripéties de cette chasse aux casquettes.

» Lorsque l'oiseau partait de nos lignes, les assiégés portaient aussitôt la main à leur coiffure; mais le faucon savait si bien choisir son temps, qu'il prenait toujours quelqu'un des assiégés en défaut.

» Les Russes commençaient à s'impatienter vivement de se voir à la merci d'un faucon : un oiseau bravant vingt mille hommes, il y avait de quoi exaspérer une armée! Les rires de nos troupiers surtout outraient les Russes; ils envoyaient des volées de mitrailles sur les points où ces rires éclataient. Un incident grotesque mit le comble à la fureur de l'ennemi.

» Un général, chargé de visiter les batteries, parut avec son état-major ; le faucon remarqua ce groupe qui se détachait du reste des troupes ; il trouva sans doute la casquette du général plus belle que les autres ; il la lui enleva. Il y eut dans l'armée ennemie un cri d'indignation générale ; cette clameur stridente dérouta probablement le faucon. Au lieu de revenir dans nos tranchées, il alla placer la casquette sur un grand mât de signaux, puis se percha sur les cordages ; on lui envoya plus de mille balles. Effrayé par les sifflements des projectiles, il parut hésiter un instant ; il prit son vol, laissa la coiffure du général à la cime du mât, et revint vers nous à tire d'aile. Aussitôt un Russe s'élança vers le mât et grimpa jusqu'au sommet pour rapporter la casquette du général ; malheureusement pour ce pauvre diable, les francs-tireurs tenaient à prolonger la plaisanterie ; le russe fut atteint par leurs balles avant d'être arrivé au but.

» Plusieurs des marins détachés au service des batteries renouvelèrent sans succès cette tentative dangereuse ; il fallut laisser la casquette où elle était. Nos soldats se mirent alors à chanter ce fameux refrain :

« As-tu vu la casquette au père Bugeaud ?
« Si tu ne l'as pas vue, la voilà !....

» Les clairons accompagnaient.

» Nos soldats savent au besoin improviser des couplets. On composa une complainte qui fit le pendant de celle du paletot noisette de Menschikoff. On la rédigea au crayon, on la roula autour d'une balle, et les avant-poste la lancèrent aux Russes. Ils avaient les paroles, et ils eurent le loisir d'entendre l'air. On chanta jusqu'au soir, le tout semé de coups de fusil et de coups de canon.

» La chasse au faucon avait trop égayé l'armée pour ne pas recommencer souvent ; on n'imagine pas à quel point en était arrivée la rage de la garnison. Chaque jour, on ajoutait de nouveaux couplets à la complainte ; on exposait au-dessus des parapets les casquettes enlevées par l'oiseau, comme les sauvages exposent dans leurs camps les chevelures de ceux qu'ils ont scalpés.

» Enfin ces scènes décapitantes eurent un dénoûment tra-
gique. Dans la journée du 4 novembre, le faucon fut sans
doute rencontré par un boulet pendant qu'il s'élevait en l'air.
Un bout d'aile tombé dans la tranchée nous annonça ce
malheur.

» Les Russes furent ainsi délivré de leur persécuteur.

» Il y a lieu de croire qu'ils ne pleurèrent pas sur son
trépas. »

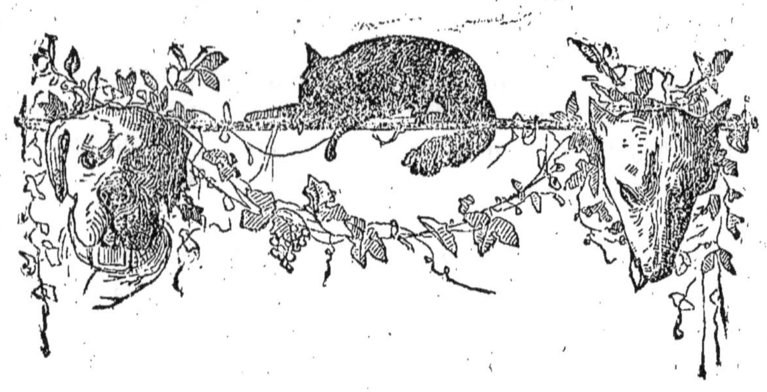

CHAPITRE PREMIER

L'Ours. — Les Ours dressés. — L'Ours brun. — Ses habitudes. — Les Ours des Pyrénées et des Alpes. — Leur régime. — Un chalet attaqué par un Ours. Un terrible fossoyeur. — L'hibernation des Ours — L'Ours bon compagnon. — Une partie interrompue. — L'Ours du duc de Lorraine. — Une plaisante histoire. — Chasse en Transylvanie. — Chasse dans les Alpes.

La plupart de nos jeunes lecteurs connaissent l'*Ours* : Non pas, certes, qu'ils se soient trouvés face à face avec l'animal en liberté sous les sombres sapins de la forêt ou dans les gorges sauvages de la montagne, mais parce qu'ils l'ont vu, dans les rues de la ville ou du village, conduit en laisse par quelque montagnard en haillons. Au son de la flûte, du flageolet ou du tambourin du *montreur d'ours*, ils ont vu *maître Martin*, appuyé sur son bâton, marcher debout, faire de grotesques culbutes ou danser lourdement.

Quoiqu'il obéisse à son maître, ce n'est jamais qu'à contre cœur et en grognant; chaque fois qu'on l'invite à montrer son savoir, il s'irrite et fait entendre un murmure sourd qu'il accompagne d'un frémissement de dents significatif.

Tous les petits Parisiens connaissent les ours du Jardin-des-

Plantes, dont l'éducation, faite librement, sous la seule influence du public, qui leur parle et qui leur distribue des gourmandises, donne, cependant, des résultats remarquables.

Ils ont, sans menaces et sans coups de bâtons, à l'aide de quelques gâteaux et de quelques paroles d'encouragement appris à faire une foule d'exercices qu'ils répètent avec le seul espoir d'être récompensés.

A ces mots : « *Martin, monte à l'arbre!* » un ours embrasse le tronc dénudé de l'arbre placé au milieu de la fosse et s'empresse de monter au sommet. « *Fais le beau!* » — L'ours se couche sur le dos et réunit ses quatre pattes. — Il en est ainsi de beaucoup d'autres commandements qui sont loin d'être exécutés avec grâce mais qui n'en réjouissent que davantage les habitués de la *fosse aux ours.*

Lorsque, il y a bien longtemps, notre pays était couvert d'épaisses et immenses forêts, *l'ours brun* y était très commun ; aujourd'hui, on le trouve encore dans les Alpes et dans certains cantons des Pyrénées Françaises ; et, c'est à ce titre que nous parlons de cet animal qui tend à disparaître à mesure que la culture, avançant partout, rétrécit de plus en plus le cercle de son domaine.

L'Ours brun ou Ours vulgaire (*Ursus arctos*) est l'ours de France, qui ne se trouve plus, qu'en petit nombre, sur les cimes les plus reculées et les plus inaccessibles des Pyrénées et des Alpes. Il semble être le type du genre et est aussi le plus répandu ; beaucoup de naturalistes lui ont rapporté presque toutes les autres espèces.

« Il a le corps gros, le dos bombé, faiblement incliné vers les épaules, le cou gros et court, le crâne aplati, le front bombé, le museau conique, tronqué, les yeux petits, fendus obliquement, la pupille ronde, les jambes fortes, longues ; les pattes courtes, les ongles longs et puissants. Son pelage crépu est formé d'un duvet long et mou et de poils soyeux plus longs ; les plus longs sont à la face, au ventre et entre les jambes, les plus courts au museau. Leur couleur est très variable, elle a toutes les nuance, depuis le brun pur, le brun jaune ou le brun roux, jusqu'au gris argenté, au noirâtre, au bigarré. » (1)

(1) Brehm

L'ours habite les vieilles forêts qui couronnent les montagnes, les sombres gorges que le pied de l'homme n'a jamais foulées ; il se retire dans les rochers, dans les cavernes, dans les antres des ravins qui lui offrent d'excellents abris. Quoiqu'il soit bien musclé et parfaitement armé pour la chasse, il préfère un régime végétal et il ne mange la chair que quand il y est poussé par la nécessité ; et alors, quand la famine a aiguisé ses griffes, il poursuit les animaux et ne craint pas d'attaquer l'homme.

Sa nourriture habituelle se compose de glands, de pommes de pin, de fruits sauvages, de jeunes pousses, de bourgeons, de racines succulentes. Il commet quelquefois des ravages dans le champs de maïs, de blé ou d'avoine ; il s'assied commodément, cueille d'énorme gerbes et dévore les épis.

Sa prédilection pour les fruits a plus d'une fois causé sa perte. A l'époque où les vignes les plus voisines de son repaire sont chargées de grappes appétissantes, quand les pêchers se courbent sous le poids de leurs fruits veloutés, maître Martin, par l'odeur alléché, quitte les épais taillis ; il descend de la montagne et vient, sans plus de cérémonie prendre sa part de la récolte. Il arrache les ceps pour cueillir les raisins, casse les branches des arbres pour s'emparer des pêches, et le paysan, victime de ses méfaits, est bientôt sur sa trace. Mais comme l'ours n'est pas gourmand à demi, il s'est si bien gorgé de nourriture que le matin, incapable de regagner la montagne, il est rencontré, couché sous les sarments, et assommé par le propriétaire qui se dédommage, avec le prix de sa fourrure, de la perte qu'il a éprouvée.

L'ours brun fouille avec acharnement les fourmillières dont il dévore les larves et les fourmis ; mais, ce qu'il aime par dessus tout, c'est le miel ; cette nourriture constitue pour lui le plus grand des régals ; aussi, dans plusieurs contrées, on exploite contre lui cette passion.

« Il arrive souvent, dit Steller, que, dans les troncs de pins sveltes et élancés de la Lithuanie, se forment des excavations naturelles, qui servent de ruches aux abeilles. Sur la branche d'un de ces arbres, on suspend horizontalement une roue par une corde bien solide ; on la fait descendre jusqu'à la ruche, et on la fixe tout auprès à l'aide d'un ressort.

L'ours, alléché par l'odeur du miel, grimpe sur le pin, et voulant plus commodément dénicher et manger sa nourriture favorite, il s'assied sur la roue; le ressort se détend à l'instant même, et le gourmand reste suspendu à une hauteur de quatre-vingts à cent pieds. N'ayant ni assez de courage pour sauter par terre, ce qui, du reste, l'exposerait à une mort certaine, ni assez d'agilité pour grimper à l'aide d'une mince corde aux branches supérieures de l'arbre, il attend, dans cette position gênante l'arrivée du propriétaire du miel, qui peut aisément s'enrendre maître. »

« Personne n'ignore, dit Viardot, combien l'ours est friand de miel, et avec quelle adresse il sait dénicher les ruches que les abeilles établissent dans le creux des vieux arbres. Lorsque les paysans voient une de ces ruches naturelles se former à la racine de quelque grosse branche, au sommet du tronc, sûrs que l'ours viendra y fourrer ses griffes et sa langue, ils lui tendent un piège, le plus simple du monde. Au bout d'une corde attachée plus haut que la ruche, et descendant plus bas, pend une grosse pierre, ou une poutre, ou tout autre objet dur et pesant. Quand l'ours grimpe au tronc de l'arbre, comme un gamin au mât de cocagne, pour s'emparer du butin des abeilles, il rencontre en chemin cet obstacle. D'un coup de patte, il détourne la pierre; mais, du bout de sa corde, et cherchant l'équilibre, la pierre retombe sur lui. Il la repousse au loin, elle tombe plus lourdement. La colère le gagne, et s'accroît avec la douleur. Plus il est frappé, plus il s'indigne; et plus il s'indigne, plus il est frappé. Enfin, cet étrange combat de la fureur aveugle contre un ennemi inanimé, contre une loi physique, finit d'habitude par un coup si violent sur la tête, que l'ours tombe au bas de l'arbre, tué quelquefois, mais au moins tellement étourdi, que les chasseurs, embusqués près de là, n'ont plus qu'à lui donner le coup de grâce. »

Les bergers des Alpes et des Pyrénées prétendent que deux espèces d'ours existent dans leurs montagnes, et que l'une ne vit que de fruits et de racines, tandis que l'autre vit de proie, s'attaque aux troupeaux, et ne craint pas d'affronter la lutte avec l'homme.

Tous ces ours appartiennent à la même espèce; mais les jeunes ont un régime absolument végétal; quant aux vieux ils ne dédaignent pas d'apaiser leur faim avec un mouton, quelqu'autre animal, ou même le berger si l'occasion se présente ; et rien n'est redoutable comme la rencontre d'un ours qui a goûté de la chair.

« C'est sans doute, dit Cuvier, pour avoir observé des ours placés dans des circonstances différentes, à l'égard de la nourriture qu'ils avaient été plus ou moins à même de se procurer, que quelques auteurs ont distingué ces mammifères en espèces carnassières et en espèces herbivores ; car, sous ce rapport, tous ont le même naturel, excepté l'ours blanc, qui, par le goût qu'il a pour la chair dans son état de nature, confirme ce que nous avons dit sur les effets de l'habitude. En effet, ces carnivores ne se nourrissent exclusivement de chair, que parce qu'ils ne peuvent trouver d'autre nourriture dans les régions glacées qu'ils habitent, et la preuve, c'est qu'en domesticité on les habitue sans peine à se nourrir presque exclusivement de pain. »

Ainsi, c'est en vieillissant que l'ours brun change son régime : Il a par hasard, attrapé un animal ; il a trouvé que la chair n'est pas à dédaigner, et qu'il est plus facile d'assouvir sa faim avec une grosse proie qu'avec des baies et des fruits épars dans la forêt ; dès ce moment, il est devenu un véritable carnassier. Il attaque tous les animaux : les moutons, les chèvres, les chevaux et les bœufs même.

Parfois il engage avec le taureau un combat terrible dont il sort rarement victorieux. Le taureau le pousse devant lui, le harcèle, et l'étouffe en le pressant contre un arbre ou contre un rocher.

Dans les montagnes, l'ours est surtout dangereux par les temps de brouillard ; il peu, sans être remarqué, s'approcher d'un troupeau et enlever un mouton ou une vache sans que personne ait soupçonné sa présence et sans que les autres animaux du troupeau aient donné l'éveil.

Le succès le rend hardi et téméraire ; il pénètre dans les villages et cherche à enfoncer les portes des étables.

« Des pâtres, raconte Tschudi, avaient l'habitude d'enfermer soigneusement, chaque nuit, un petit troupeau de chèvres, dans une étable isolée sur l'une des Alpes les plus sauvages de la chaîne du Rhéticon ; ils remarquèrent un matin dans le voisinage de la hutte, des fientes extraordinaires, virent que l'herbe épaisse qui croissait à l'entour avait été foulée et grossièrement tordue ; que la porte était endommagée et rayée de coups de griffes. Les chèvres sortirent pleines d'effroi, cependant il n'en manquait pas une. Les pâtres ne reconnurent pas quel avait été le visiteur nocturne, mais ils soupçonnèrent qu'un loup ou un lynx habitait le voisinage et firent, sans succès, des recherches aux environs et dans une forêt de sapins et d'arobes, qui s'élevait au-dessus du chalet. Néanmoins, ils résolurent de se mettre à l'affût de la bête, et empruntèrent dans le village le plus rapproché un vieux mousquet qui fut nettoyé et chargé avec toutes les précautions d'usage. Pendant le jour suivant, les chèvres s'obstinèrent à rester groupées en ne voulurent pas s'éloigner du troupeau de vaches. Ce ne fut qu'à grand'peine qu'on put les faire rentrer le soir dans leur étable. Deux pâtres se cachèrent alors derrière un rocher, à portée de fusil, et prêts, en cas de danger, à réveiller leurs camarades qui couchnt dans le chalet. La première nuit se passa sans incident ; il en fut de même de la seconde. Pendant la troisième, l'attention des deux sentinelles commença à se lasser, elles s'endormirent, mais ne tardèrent pas à se réveiller au bruit qui se fit entendre devant l'étable des chèvres. C'était un ours qui, appuyé contre la porte, l'égratignait et tournait autour de la hutte, pour découvrir une ouverture afin de s'y introduire. Dans l'intérieur, les chèvres étaient apparemment éveillées et inquiètes, car on entendait le bruit de leurs clochettes. Nos bergers, peu habitués à de pareilles rencontres, n'étaient guère à leur aise. L'un se glissa vers le chalet pour réveiller ses camarades, tandis que l'autre, tout tremblant, cherchait à mettre son mousquet en état de faire feu. Cependant, l'ours revint à la porte, s'appuya de tout son poids contre la serrure et finit par l'enfoncer. Aussitôt les chèvres se précipitèrent, en bêlant, hors de la hutte et se réfugièrent sur les rochers voisins. L'ours sortit le dernier, emportant une chèvre qu'il venait de tuer d'un coup de dent, et il se mit à la dévorer sur place, en l'attaquant par les pis. Les pâtres arrivèrent sur ces entrefaites, armés de pieux et de ces escabeaux à un seul pied sur lesquels ils ont l'habitude de s'asseoir pour traire leurs vaches ; ils avançaient avec précaution. Un d'eux qui dans sa jeunesse avait chassé le chamois, prit le fusil des mains tremblantes de la sentinelle et marcha sur l'ours, qui se dressa en poussant un grognement de sinistre augure; il fit feu et lui laboura le côté droit de la poitrine sur quoi, les autres, enhardis, se précipitèrent sur la bête. Elle se défendait, à coup de griffes, mais ils finirent par l'assommer. C'était un ours brun pesant 240 livres. »

Il arrive que l'ours rassasié cache les restes de son repas dont il se nourrit le lendemain ou les jours suivants.

« On rapporte, dit Louis Enault, qu'un chasseur de Hermandsnaze manqua un ours de la plus belle taille. L'ours fondit sur lui, et, avant qu'il eût le temps de dégainer, le renversa. L'homme perdit connaissance, l'ours le crut mort, et, comme il n'avait pas d'appétit (l'ours, plus tempérant que l'homme, ne mange que lorsqu'il a faim), il résolut de le garder pour son prochain repas. Il commençait à l'enterrer par précaution en attendant mieux. Par bonheur l'homme reprit ses sens avant que l'opération fût complètement terminée, et, comme il ne se souciait pas de passer à l'état de provision, il parvint à dégager son bras, atteignit son couteau, et coupa la carotide à son terrible fossoyeur. »

Signalons en passant la singulière propriété qu'ont les ours de rester plus ou moins longtemps engourdis ou endormis : C'est ce qu'on appelle leur *hibernation*.

Pendant l'automne, ils ont de tout en abondance et deviennent extrêmement gras, leur propre corps est un véritable garde-manger où ils emmagasinent, sous forme de graisse, des provisions pour l'hiver. Mais, lorsque les pluies ont pourri les fruits tombés sur la terre, quand le sol, durci par la gelée ne permet plus de déterrer les racines succulentes, ces animaux rentrent dans leurs repaires et passent l'hiver dans un état de torpeur ou de douce quiétude qui n'est ni la veille, ni le sommeil. Pendant cette abstinence de plusieurs mois, c'est de leur graisse qu'ils se nourrissent, ou du moins, c'est elle qui suffit au soutien de leur existence dans les temps de froidure et d'inaction. Ils sont entrés dans leur tanière gras et pleins de vigueur; ils en sortent maigres, affamés et dangereux, en conséquence, quand les beaux jours sont revenus.

Ce sommeil est proportionnel comme durée et comme intensité à la durée et à l'intensité du froid ; Si la saison est douce.

ils demeurent éveillés ; si elle est rigoureuse, ils dorment. En domesticité, où ils ont de tout en abondance, ils demeurent éveillés en hiver comme en été.

« Il n'est point parmi les carnassiers, dit Tschudi, d'animal aussi amusant, aussi humoristique, aussi plein d'une aimab'e bonhomie. L'ours a le caractère franc, ouvert, sans ruse ni fausseté. Sa finesse et son imagination sont assez pauvres. La force lui en tient lieu, et c'est à elle qu'il se fie. Il est capable de faire sortir une vache d'une écurie par le trou qu'il a fait au toit, et de traîner un cheval au delà d'un torrent profond et encaissé. Il cherche à obtenir directement et par la force brutale ce que le renard doit à sa finesse, l'aigle à la rapidité de son vol. Non moins lourd que le loup, il n'est ni aussi vorace et féroce, ni aussi vilain et repoussant ; il ne reste pas longtemps à l'affût et ne cherche point à se dérober devant le chasseur pour l'attaquer par derrière. Il ne se sert pas tout d'abord de sa puissante mâchoire capable de déchirer tout ce qui tombe à sa portée, mais il cherche à étouffer la proie entre ses pattes et ses bras vigoureux, et ne la mord qu'en cas de besoin, sans paraître prendre grand plaisir à cette chair qui palpite dégouttante de sang ; ses appétits sont peu carnassiers, et il mange des végétaux, des châtaignes, du lait, des raisins, du maïs et du miel, aussi volontiers que de la viande. »

Nous avons dit que l'ours n'attaque l'homme qu'en cas d'extrême nécessité ; dans les pays où ces animaux sont le plus répandus, les femmes et les enfants ne se laissent pas intimider par leur présence et ne sont presque jamais victime de leur cruauté. On a vu des ours venir, sans cérémonie, manger des fraises dans la corbeille des enfants qui les cueillaient, sans donner le moindre coup de pattes à leurs pourvoyeurs.

« Deux enfants de quatre à six ans, dit Atkinson, s'étaient éloignés de la maison ; après quelque temps, on s'aperçut de leur disparition, on les chercha partout dans le village, puis dans la tourbière. Epouvantés, les parents les retrouvèrent jouant avec un ours. L'un d'eux lui donnait à manger, l'autre était monté sur son dos, et l'ours répondait par les plus amicales caresses à leur confiance enfantine. Au comble de l'effroi, les parents poussèrent un cri qui mit en fuite le camarade de jeu de leurs enfants. »

Voici un exemple célèbre de l'attachement dont sont capable les ours réduits en captivité :

René II, duc de Lorraine possédait un ours qui était enfermé dans une cage solide, au château de Nancy. Cet animal, appelé *Masco*, effrayait tout le monde par sa violence, sa fureur et les accès de rage dans lesquels il entrait dès qu'on l'irritait. Sa férocité était passé un proverbe et l'on disait, dans le pays : « *Mauvais comme Masco.* »

Or, il advint qu'un pauvre petit ramoneur, sans abri, sans parents, sans protecteur, sans un gîte pour se reposer, ne sachant où dormir par une froide nuit d'hiver, s'imagina d'entrer dans la cage de *Masco*, en passant entre deux barreaux, et de s'y blottir doucement dans la couche épaisse de paille qui servait de litière à la bête féroce.

Masco s'aperçut bientôt de la présence de ce compagnon improvisé qui, succombant à la fatigue, s'était profondément endormi ; mais au lieu de lui faire du mal, il le réchauffa contre sa fourrure en le pressant contre lui comme une mère presse son enfant ; il l'adopta, le caressa, et toutes les nuits lui laissa partager son domicile.

Tout à coup, l'enfant mourut de la petite vérole : Dès ce moment, l'ours fut inconsolable ; il refusa toute nourriture et malgré tous les soins qu'on lui prodigua, il se laissa mourir de faim.

Mais il ne faudrait cependant pas trop se fier aux manifestations sympathiques de ces dangereux animaux ; il faut les traiter avec circonspection, car leur nature grossière prend bientôt le dessus, et la période d'amabilité est loin de durer toujours.

On raconte, à cet effet, la terrible histoire de la baronne de W. qui avait élevé un jeune ours qu'elle tenait constamment dans sa chambre. Il était aussi propre et aussi docile que le chien le mieux dressé ; son attachement paraissait si sincère qu'on lui avait préparé un gîte moelleux près de la chambre à coucher de sa maîtresse dont il n'était jamais séparé. Son bon naturel ne se démentit pas pendant toute une année ; il n'entrait dans l'esprit de personne qu'un animal aussi apprivoisé pût devenir dangereux. Cependant, un matin les gens de la baronne trouvèrent la chambre en désordre ; un horrible drame s'était accompli pendant la nuit : Leur maîtresse avait été égorgée par son favori.

Viardot, que nous avons déjà cité, raconte une plaisante histoire d'ours :

« Il y a, dans le gouvernement de Yaroslaff, un village qui vit d'une singulière industrie : il fait le commerce des ours. On prend ceux-ci petits, assez loin à la ronde; on les élève avec la muselière et le bâton; puis, quand ils ont la taille militaire, et qu'ils savent faire proprement l'exercice à la prussienne, on les vend à des recruteurs étrangers. C'est de ce village que viennent à peu près tous les ours savants qu'on voit, dans le reste de l'Europe, étaler leurs grâces pesantes, au son du fifre et du tambour, dans les foires et les fêtes de campagne. Il s'y est passé naguère, s'il faut en croire le récit d'une personne qui mérite toute confiance, la plus singulière aventure. Un jour de fête, tandis que les femmes étaient à l'église et les hommes au cabarets, tous les ours muselés et batonnés, qui semblaient avoir reçu le mot de quelque Spartacus mangeur de fourmis, poussent de concert un hurlement de révolte. Les plus forts brisent leurs liens, vont délivrer les plus faibles, et tous ensemble, réunis en tumulte, saccagent le village abandonné. C'était vraiment la guerre des esclaves. Ensuite, munis de leur butin, ils vont établir un camp retranché sur une éminence voisine, comme la plèbe romaine sur le mont Sacré. Une fable n'aurait pas suffi pour les réduire; on voulut employer la force. Mais ils repoussèrent toutes es attaques et firent même d'heureuses sorties. Il fallut se borner à un blocus d'observation. Alors la faim, l'ennui, la discorde, les eurent bientôt divisés. Plus tôt ou plus tard, chacun s'échappa pour retourner aux bois. Mais, une fois dispersés, presque tous furent repris un à un, ramenés à la case comme des fugitifs, et traités suivant les dispositions du code noir. On pourrait croire que je m'amuse en racontant cette révolte d'ours, à faire, en manière d'apologue, l'histoire des révoltes d'hommes. Il y a, je l'avoue, plus d'une analogie frappante. Mais je suis historien et non fabuliste; à telles enseignes que l'autorité supérieure, avertie de l'évènement, décréta qu'à l'avenir il n'y aurait jamais plus de soixante élèves à la fois dans aucune université d'ours. »

En Transylvanie, on chasse l'ours comme le renard, avec

des traqueurs ou des chiens et voici comment un auteur s'exprime à cet égard :

« On garnit une certaine étendue de forêt ou de taillis, d'un côté, de tireurs, de l'autre de traqueurs. L'ours, chassé par le bruit, se lève et court, presque toujours en ligne droite, à l'encontre des chasseurs; il suffit d'un ou de deux coups pour l'abattre. Ce que l'on dit du danger que courent les chasseurs est en général, de pure invention. L'ours, comme toutes les bêtes fauves, craint l'homme, et il ne l'attaque jamais que quand il se trouve avec son adversaire, tellement face à face qu'il voit dans une lutte le seul moyen de se sauver. Une lutte semblable est alors sans doute inégale; car l'attaque est si prompte et, si violente que le chasseur, après avoir tiré son coup, n'a pas le temps de saisir une autre arme; c'est pourquoi nous n'en emportons pas d'autre que nos carabines. Si les deux coups n'ont pas abattu l'animal, le chasseur est dans une position très critique; aussi, règle générale, jamais on ne doit tirer sur un ours à plus de dix ou quinze pas. En somme, cette chasse est si peu périlleuse que nos paysans ne craignent pas de l'affronter avec un simple fusil à un coup. L'ours est moins difficile à tuer que d'autres grands animaux, par exemple le lion : une balle qui l'atteint à la poitrine l'étend raide mort.

« J'espère par mon histoire avoir rétabli la réputation des ours; pour nous, du moins, ils sont des hôtes agréables; ils mangent bien un peu de maïs, des glands ou des pommes de pin, mais ne font de mal à personne et sont assurément le plus beau gibier qu'on puisse chasser en Europe. J'ai des ours à cinq cents pas de la maison; la nuit ils passent quelquefois par mon jardin; cela n'a jamais empêché personne de circuler et de jour et de nuit, ni de laisser paître le bétail. Bien souvent on en a rencontré, mais ils n'ont jamais attaqué âme qui vive; ce sont, en un mot, chez nous, des visiteurs inoffensifs. Chez eux, sur les hauteurs, c'est une autre affaire, on ne les y poursuivrait qu'au péril de sa vie.

« Quoique nous vivions ici en si bons termes avec les jours, je veux pourtant vous raconter un fait qui vous prouvera que la circonspection est quelquefois nécessaire : Dans l'épais fourré qui borde la route par laquelle vous avez passé ce matin, un ours avait reçu un coup de feu dans l'épaule; tout à coup il

Oiseaux et insectes.

se rencontre face à face avec un autre chasseur, qui, surpris au moment où il s'y attendait le moins, tira à côté. Sans lui laisser le temps de se reconnaître, l'ours se jeta sur lui et se mit à l'étreindre dans ses bras puissants ; aux cris du malheureux chasseur accourut mon frère, vieil et habile tireur, qui avait déjà tué deux ours sur le coup, alors que dans leur fureur ils avaient précipité par terre leur adversaire et l'écrasaient de tout leur poids. L'animal se tourna aussitôt vers mon frère avec une rapidité telle qu'il lui arracha sa carabine des mains, avant qu'il eu le temps d'ajuster, et dressé sur ses pattes de derrière, il se mit en posture de lui déchirer la figure à coups de griffes. Mon frère ne trouva rien de mieux, tout en se défendant le visage avec un bras, que de lui enfoncer l'autre dans la gorge, de sorte qu'il en fut quitte pour une morsure à l'avant-bras et une profonde écorchure à l'épaule. Pendant ce temps, le premier chasseur asséna à l'ours un coup de crosse si violent sur la tête que l'animal lâcha prise une seconde, ce qui permit à mon frère, tout ensanglanté qu'il fût, de ramasser son fusil et de le décharger à bout portant sur son terrible adversaire : l'ours tomba pour ne plus se relever.

« Du reste, ajouta le narrateur, cette aventure ne prouve rien contre ce que je vous disais de la douceur habituelle de l'ours dans ces régions-ci ; car, après tout, il se trouvait cette fois dans le cas de légitime défense. » (1).

Il était aussi en cas de légitime défense l'ours dont Tschudi nous raconte la lutte énergique et désespérée :

« Dans les monts escarpés qui, entourent la petite ville de Dissentis comme un mur cyclopéen, eut lieu en décembre de l'année 1838, un rare et terrible combat. Clément Riedi, de Dissentis, avait suivi pendant toute une journée les traces d'un plantigrade ; il les perdit de vue, vers le soir, près d'une saillie dangereuse de rochers. C'était la retraite présumée de l'ours. Riedi essaya d'abord d'en faire sortir la bête au moyen de toute sorte de bruits ; n'ayant pas réussi, il s'avança le fusil en arrêt. Le sentier qui contournait la saillie, s'élevant comme la flèche d'une cathédrale, était si étroit que l'un des deux adversaires devait succomber

(1) D'après Klethe.

dans une rencontre. Près de l'angle d'un rocher; il aperçut une excavation qui lui paraissait être l'ouverture de la caverne. Il redoubla de précautions en s'approchant. Tout à coup les yeux du hardi chasseur se rencontrèrent avec les yeux étincelants de l'ours; une patte sortait de la caverne, qui logeait le reste du corps. Riedi osa tirer; deux fois l'arme rata : les yeux de la bête irritée paraissaient lancer des flammes. Enfin, la troisième fois, le coup partit : le tonnerre de l'arme à feu et le hurlement de la bête retentissent au loin, répétés par l'écho des solitudes rocheuses. Le chasseur battit aussitôt en retraite, puis il s'arrêta pour recharger son fusil. N'entendant plus aucun bruit, il revint vers la caverne; la patte et les yeux avaient disparu, tout était rentré dans les ténèbres. Il écoute : le bruit de quelque chose qui gratte parvient à ses oreilles; saisi d'une terreur panique, il quitte le lieu précipitamment. Quelle était la cause de ce bruit? Peut-être était ce le râle de l'agonie, se disait-il à lui-même, en retournant au logis.

» Le lendemain il se remit en route, en compagnie de trois autres chasseurs, dont deux n'étaient même pas armés, dans la croyance que l'animal avait été frappé à mort. Ils approchè-rent tous les trois de la caverne par en haut; à l'aide de bran-ches d'un sapin, ils se laissèrent glisser jusqu'au niveau de l'ouverture. Biscuolm, de Dissentis, se trouvait en tête, le fusil sur l'épaule; mais à peine s'était-il dressé debout que l'ours, en deux bonds, vint tomber sur lui. L'étreindre avec ses lourdes pattes et le jeter à terre, ce fut l'affaire d'un instant. Biscuolm appela de toutes ses forces ses compagnons à son secours, pendant qu'il roulait avec son terrible an-tagoniste sur la pente du précipice. Dans cette lutte déses-pérée le chasseur parvint à se dégager assez pour saisir son arme. Mais l'ours était sur pied en même temps que son agres-seur; celui-ci n'eut que le temps de lui présenter la crosse : elle entra tout entière dans la gueule de l'animal. Cependant Riedi, accouru en toute hâte, eut le temps de tirer sur l'ours et de l'atteindre aux flancs. La bête fit quelques pas en arrière pour se jeter avec fureur sur les deux assaillants; au même moment, Biscuolm lui lâcha le dernier coup; l'ours était tué. En l'exa-minant, les chasseurs virent que la première balle lui avait brisé la denture; l'hémorrhagie qui s'en était suivi avait rendu le combat un peu moins dangereux. Mais il virent aussi avec épouvante que, dans cette lutte . ils avaient roulé jusqu'au bord du précipice. Ils n'oublièrent de leur vie le danger qu'ils avaient couru. »

CHAPITRE II

Le Loup. — Les Loups au xve siècle. — Description du Loup. — Appétit féroce. — Ravages exercés par les Loups. — Bandes de Loups. — Les Loups à la suite des armées. — Quatre-vingts soldats dévorés par des Loups. — Expéditions nocturnes. — Ruses de guerre. — Educations des jeunes. — Les Loups ne semangent pas entre eux. — Force extraordinaire. — Pris au piège. — Poltronerie. — Un homme en danger. — Vieux Loups et jeunes Loups. — La chasse aux Loups. — Loups apprivoisés.

Dans son *Histoire agricole de la France*, Alexis Monteil fait ainsiparler des personnages qu'il met en scène :

« Antoine, lui ai-je dit, en prenant ce prétexte pour me lever de table, allons visiter un peu votre bergerie. Il s'est empressé de m'y conduire. Oh! me suis-je écrié, quels barreaux! quelles portes! quels verrous! — Frère gardien, m'a-t-il répondu, je voudrais que le parc ne fut pas si loin vous verriez quelles fortes claies, et, pour les fixer, quelles grandes fourches! Heureux encore de pouvoir défendre mes pauvres moutons contre les loups! Et aussitôt voilà qu'il me fait plusieurs histoires des dévastations de ces terribles animaux, qui, dans la mauvaise saison, couraient par troupes, se jetaient dans les villages; il m'a même nommé des villes qui ont souvent de la peine à les repousser. Sans les louvetiers, a-t-il dit, et sans les grandes récompenses qu'on leur accorde, les loups finiraient par être les maîtres des campagnes. » . . . .

Et plus loin :

« Ici on prend toutes sortes de précautions pour la sûreté des bestiaux ; les bergeries sont fort solides, bien bâties et les parcs ont deux enceintes de claies. — Quand mon maître dit à ce même fermier qu'en Espagne il suffisait d'entourer d'un simple filet, tendu par des bâtons fichés en terre, les troupeaux de brebis, il s'écria tout émerveillé : Et les loups ?

« Véritablement ces animaux sont en France tellement audacieux, qu'ils ont pénétré, il n'y a pas longtemps, jusque dans Paris, où ils ont mangé un enfant sur la place de Grève ; tellement nombreux, tellement féroces, que, dans les dernières guerres, ils ont forcé une armée royale à sortir du Gévaudan. »

Nous somme loin, Dieu merci, de cette sombre époque dont il est question dans le Journal d'un bourgeois de Paris, de ce terrible xv° siècle pendant lequel les loups dévorèrent, en une semaine, quatorze personnes entre Montmartre et la porte Saint-Antoine.

C'était alors le bon temps des bandits de toute espèce, et malgré leur nombre et leur férocité, les loups n'étaient peut être pas ce que le voyageur devait le plus redouter quand il traversait une forêt.

Le Loup (*Canis lupus ou Lupus vulgaris*) a le port d'un chien de grande taille ; il porte entre les jambes, au lieu de la relever, sa queue grosse et touffue et couverte de longs poils grisâtres tirant sur le jaune ; ses yeux bleus et étincelants sont obliques ; ses dents sont rondes, inégales, aiguës et serrées ; l'ouverture de sa gueule est grande.

Il a le corps maigre, les flancs rentrés, les pattes minces, les oreilles droites ; le pelage varie pour la coloration suivant le climat. Son cou est si court qu'il ne peut facilement le fléchir, ce qui l'oblige, en quelque sorte, à tourner tout son corps quand il veut regarder de côté ; il a l'odorat fin, et il peut, à juste titre, passer pour le plus goulu et le plus carnassier de tous les animaux.

Le loup hurle au lieu d'aboyer comme le chien dont il diffère par des caractères essentiels : Ses mouvements sont différents sa démarche est plus précipitée ; son corps, beaucoup plus fort, est bien moins souple ; ses membres sont plus fermes, ses mâchoires et ses dents plus grosses ; son poil plus rude et plus fourré ! Sa couleur ordinaire, dans notre pays est d'un fauve grisonnant, mêlé de brun noirâtre dans certains endroits. Le proverbe dit : « *Jeune loup gris, et vieux loup blanc.* »

Cet animal, dit Buffon, est l'un de ceux dont l'appétit pour la chair est le plus véhément : et quoique avec ce goût il ait reçu de la nature les moyens de le satisfaire, qu'elle lui ait donné des armes, de la ruse, de l'agilité, de la force, tout ce qui est nécessaire, en un mot, pour trouver, attaquer vaincre, saisir et dévorer sa proie, cependant il meurt souvent de faim, parce que l'homme lui ayant déclaré la guerre, l'ayant même proscrit en mettant sa tête à prix, le force à fuir et à demeurer dans les bois, où il ne trouve que quelques animaux sauvages qui lui échappent par la vitesse de leur course, et qu'il ne peut surprendre que par hasard ou par patience, en les attendant longtemps et souvent en vain dans les endroits où ils doivent passer.

Il mord cruellement, et avec d'autant plus d'acharnement qu'on lui résiste moins; il prend des précautions avec les animaux qui peuvent se défendre. Il est naturellement grossier et poltron, mais il devient ingénieux par besoin et hardi par nécessité : pressé par la famine, il brave le danger, vient attaquer les animaux qui sont sous la garde de l'homme, ceux surtout qu'il peut emporter aisément, comme les agneaux, les chevreaux, les jeunes chiens; et lorsque cette maraude lui réussit, il revient souvent à la charge, jusqu'à ce qu'ayant été blessé ou chassé et maltraité par les hommes et les chiens il se cache pendant le jour dans son fort, n'en sort que la nuit, parcourt les campagnes, rôde autour des habitations, ravit les animaux abandonnés, vient attaquer les bergeries, gratte et, creuse la terre sous les portes entre furieux, met tout à mort avant de choisir et d'emporter sa proie.

Lorsque ces courses ne lui produisent rien, il retourne au fond des bois, se met en quête, cherche, suit la piste, chasse, poursuit les animaux sauvages, dans l'espérance qu'un autre loup pourra les arrêter, les saisir dans leur fuite, et qu'ils en partageront les dépouilles.

Enfin, lorsque le besoin est extrême, il s'expose à tout, attaque les femmes et les enfants, se jette même sur les hommes, devient furieux par ces excès qui finissent ordinairement par la rage et la mort. Il ne faut qu'un loup enragé pour causer des désordres affreux dans tout un pays, tant parmi les bestiaux que parmi les hommes; les blessures que fait cet animal sont presque toujours mortelles ou suivies de rage.

En 1868, un loup de forte taille, dont on avait signalé l'apparition dans la commune de Saint-Fréjoux, département de la Corrèze, jeta la consternation dans toute la contrée. Des brebis et des chiens, avaient été étranglés et ce qu'il y avait de plus grave, sept personnes avaient été mordus par la terrible bête; deux d'entre-elles dont la figure avait été littéralement dévorées moururent dans les vingt quatre heures.

Ce n'est qu'après cinq jours de poursuite continuelle que ce loup, atteint d'hydrophobie, a été abattu par quatre habitants de la commune de Courteix, au moment où il dévorait un troupeau et menaçait sérieusement le berger.

Cette année, 1881, restera gravée dans le souvenir des habitants des arrondissements de Confolens (Charente) et de Civray (Vienne).

Un énorme loup parcourut ces deux arrondissements semant partout autour de lui l'épouvante et la mort. Il se jetait sur les hommes et sur les animaux; et, plus de dix personnes furent l'objet de ses attaques : cinq sont mortés des suites des horribles blessures qu'elles avaient reçues et qui déterminèrent la rage.

Cette horrible bête a été tuée sur le territoire de la commune d'Availle-Limousine, département de la Vienne.

Le loup craint, dit-on, le feu et tous les sons aigus, on prétend qu'il font sur lui une impression qu'il ne peut supporter et qui le contraint de fuir. Il est difficile de croire, comme on l'affirme cependant, qu'un homme poursuivi de nuit, par un loup affamé, le fasse fuir, soit en tirant du feu d'un caillou, soit en sonnant du cor, soit en agitant un trousseau de clefs.

On croit, vulgairement, qu'un loup pressé par la faim mange de la terre; cette idée provient sans doute, de ce qu'on a vu des loups déterrer la proie qu'ils avaient enfouie et mise en réserve après être absolument repus, pour s'en servir en cas de besoin. Les chiens et plusieurs autres animaux prennent souvent la même précaution.

Le loup est ennemi de toute société : Pendant l'été, il est rare de les voir réunis en bandes. Lorsqu'on en voit plusieurs ensemble, ce n'est point une société de paix, c'est un attroupement de guerre, qui se fait à grand bruit, avec des hurlements affreux, et qui dénote un projet d'attaquer quelque gros animal ou de se défaire de quelque redoutable mâtin.

C'est pendant l'hiver, que des meutes assez considérables de ces carnassiers parcourent de grandes étendues de pays ; ils voyagent de préférence pendant la nuit et ne s'arrêtent, durant le jour, que lorsqu'ils trouvent un endroit convenable pour se cacher.

« A la vérité, dit Marcel de Serres, leurs excursions ou, si l'on veut, leurs passages sont toujours accidentels ; ils sont toujours déterminées par des circonstances particulières, dont il est facile de reconnaître l'influence. Tels sont ceux qui, au dire de Raoul Glaber, eurent lieu en 1033, par suite de la famine et de la peste qui désolèrent la France à cette époque, alléchés qu'ils étaient par le nombre des cadavres laissés sur le sol sans sépulture. »

Ils suivent les armées, ou plutôt les routes qu'elles ont parcourues, comptant sur des proies faciles.

« Pendant l'année 1812 (de fatale mémoire), raconte Louis Viardot, un détachement de soldats (on dit quatre-vingts hommes) qui changeaient de cantonnement dans un gouvernement du centre, furent attaqués, pendant la nuit, par une nombreuse troupe de loups et tous dévorés sur place. Au milieu des débris d'armes et d'uniformes qui jonchaient le champ de bataille, on trouva les cadavres de deux ou trois cents loups tués à coup de balles, de baïonnettes, et de crosses de fusil : mais pas un seul soldat n'avait survécu, comme ce Spartiate, noté d'infamie après les Thermopyles, pour raconter les horribles détails du combat. Une pierre tumulaire élevée sur les ossements des victimes conserve le souvenir de cet incroyable évènement. »

« On a vu souvent des loups se réunir en grandes troupes et désoler les campagnes, fort loin des lieux de leur départ. Ainsi dans l'hiver rigoureux de 1818, les départements de la Drôme et de l'Isère furent en quelque sorte inondés de loups. Ils parcouraient les campagnes en nombre fort considérable et donnaient l'épouvante à toutes les populations. Ces animaux, qui avaient tous quitté les montagnes et les forêts, causèrent de grands ravages dans les plaines où ils se répandaient. »

« De même, au mois d'août 1842, des troupes de loups ont désolé les communes d'Yville, d'Anneville et de Berville en Normandie. Ces animaux paraissaient venir de la forêts de Manny. Leur nombre était si considérable et leur voracité si grande, qu'ils causèrent de grands ravages dans toutes les communes; ils y dévorèrent une immense quantité de bestiaux. La présence des hommes ne les effrayait pas; ces loups luttaient et s'élançaient même sur eux, lorsqu'on voulait les empêcher d'emporter la proie dont ils s'étaient emparés. »

Plus près de nous, après la terrible guerre de 1870, les loups envahirent la France, particulièrement les contrées de l'est où ils causèrent de nombreux ravages.

C'est surtout le soir, par les temps de brouillards, qu'ils entreprennent leurs expéditions : Ils prennent la file comme les Indiens dans leurs expéditions guerrières; chaque animal marche dans les traces de celui qui le précède, et il est bien difficile de reconnaître leur nombre.

Un ancien auteur prétend que lorsqu'ils ont une rivière à traverser, ils marchent également à la file, mais se prenant tous par la queue avec les dents de peur que la force du courant ne les entraîne et ne les sépare.

Ils ont, dit l'auteur des *lettres sur les animaux*, des sensations et de la mémoire, et ils marquent une assez grande étendue d'intelligence dans les détails ordinaires de la vie.

Veulent-ils attaquer un troupeau bien gardé, l'un d'eux se détache de la bande; il s'approche des étables, gratte pour attirer l'attention : Les paysans s'empressent de faire sortir les chiens; ils se mettent à la poursuite du voleur, qui fuit précipitamment pour entraîner les gardiens. Mais pendant que l'action est engagée et que les moutons restent éloignés de tout secours, les autres loups qui sont au guet se précipitent dans la bergerie, égorgent tout ce qui s'y trouve, mettent tout en pièces et se retirent chargés de butin. Après ce bel exploit, ils se séparent et retournent en silence dans leur solitude.

Les mêmes considérations, les mêmes ruses sont mises en usages quand il s'agit d'attaquer un cerf, un cheval ou un bœuf.

C'est encore à l'auteur des *lettres sur les animaux* que nous empruntons les détails suivants :

Le loup est le plus robuste des animaux carnassiers des climats tempérés de l'Europe. La nature lui a donné aussi une voracité et des besoins proportionnés à sa force; il a d'ailleurs des sens exquis, avec une vue perçante et une xecellente ouïe; il a un nez qui l'instruit encore plus sûrement de tout ce qui s'offre sur sa route. Il apprend par ce sens, lorsqu'il est bien exe. cé, une partie des relations que les objets peuvent avoir avec lui : Je dis quand il est bien exercé, car il y a une différence très sensible entre les démarches du loup jeune et inexpérimenté, et celles du loup adulte et instruit.

Les jeunes loups, après avoir passé deux mois au liteau, où le père et la mère les nourrissent, suivent enfin leur mère qui ne pourrait plus fournir seule à une voracité qui s'accroît tous les jours. Ils déchirent avec elle des animaux vivants, s'essaient à la chasse et parviennent par degré à pourvoir avec elle à leurs besoins communs.

L'exercice habituel de la rapine, sous les yeux et à l'exemple d'une mère déjà instruite, leur donne chaque jour quelques idées relatives à cet objet. Ils apprennent à reconnaître les forts où se retire le gibier; leurs sens sont ouverts à toutes les impressions; ils s'accoutument à les distinguer entre elles, et à rectifier par l'odorat les jugements que leur font porter les autres sens. Lorsqu'ils ont huit ou neuf mois, la mère les chasse et les abandonne à leurs propres forces.

Les jeunes restent encore unis pendant quelque temps, et cette association leur serait assez profitable; mais la voracité naturelle à ces animaux les sépare bientôt, parce qu'ils ne peuvent plus souffrir le partage de la proie. Les plus forts restent maîtres du terrain, et ceux qui sont plus faibles s'éloignent, et vont traîner une vie souvent exposé à se terminer par la faim. D'ailleurs leur manque d'expérience les livre à tous les périls que les hommes leur préparent. C'est alors, surtout, qu'ils vont chercher dans les campagnes les cadavres d'animaux, parce qu'ils n'ont encore ni la force, ni l'habileté qui y supplée.

Lorsqu'ils résistent à ce temps d'épreuves leurs forces, augmentées et l'instruction qu'ils ont acquise leur donnent plus de facilité pour vivre. Ils sont en état d'attaquer les grands animaux dont un seul les nourrit pendant plusieurs jours. Lorsqu'ils en ont abattu un, ils le dévorent en partie et cachent soigneusement les restes; mais cette précaution ne les ralentit point sur leur ardeur à la chasse, et ils n'ont recours à ce qu'ils ont caché que lorsqu'elle a été malheureuse. C'est ainsi qu'il vit dans les alternatives de la chasse pendant la nuit et d'un sommeil inquiet et léger pendant le jour.

Voilà son existence ordinaire, mais dans les lieux où il est constamment traqué par l'homme, la nécessité d'éviter les pièges et de pourvoir à sa sûreté le forcent à une plus grande circonspection.

Sa marche, naturellement libre et hardie, devient précautionnée et timide; ses appétits sont souvent suspendus par la crainte; il distingue les sensations qui lui sont rappelées par la mémoire de celles qu'il reçoit par l'usage de ses sens.

Aussi, en même temps qu'il évente un troupeau enfermé dans un parc, la sensation du berger et du chien lui est rappelée par la mémoire, et balance l'impression actuelle qu'il reçoit par la présence des moutons. Il mesure la hauteur du parc, il la compare avec ses forces, il juge de la difficulté de le franchir lorsqu'il sera changé de sa proie, et il en conclut l'inutilité ou le danger de sa tentative.

Cependant au mileu d'un troupeau répandu dans la campagne, il saisira un mouton, à la vue même du berger, surtout si le voisinage du bois lui laisse l'espérance de s'y cacher avant d'être atteint.

Il ne faut pas beaucoup d'expérience à un loup adulte qui vit dans le voisinage des habitations, pour apprendre que l'homme est son ennemi. Dès qu'il paraît, il est poursuivi; l'attroupement et l'émeute lui annoncent combien il est redouté et tout ce que lui-même il doit craindre. Aussi toutes les fois que l'odeur de l'homme vient frapper son nez, elle réveille en lui les idées de danger. La proie la plus séduisante lui est inutilement présentée, tant qu'elle a cet accessoire effrayant; et même lorsqu'elle ne l'a plus, elle lui reste longtemps suspecte. L'idée de l'homme réveille celle d'un piège qu'il ne connait pas, et rend suspect les appâts les plus friands.

Cependant le loup est le plus brut de nos animaux carnassiers, parce qu'il est le plus fort : naturellement plus grossier que défiant l'expérience le rend précautionné !

La nécessité de la rapine, l'habitude du meurtre et la jouissance journalière de membres d'animaux déchirés et sanglants, ne paraissent pas devoir former au loup un caractère moral bien intéressant : Cependant, excepté le cas de rivalité, on ne voit pas que les loups exercent de cruauté directe les uns contre les autres. Tant que la société subsiste entre eux, ils se défendent mutuellement, et la tendresse maternelle est portée dans les louves jusqu'à l'excès de la fureur qui méconnaît entièrement le péril.

On dit qu'un loup blessé est suivi au sang et enfin achevé et dévoré par ses semblables : mais c'est un fait peu constaté, qui sûrement n'est pas ordinaire, et qui peut avoir été quelquefois l'effet du dernier terme de la nécessité qui n'a plus de loi.

Les relations morales ne peuvent pas être fort étendues entre des animaux qui n'ont nul besoin de société : tout être qui mène une vie dure et isolée, partagée entre un travail solitaire et le sommeil, doit être très peu sensible aux tendres mouvements de compassion.

La faim donne au loup une qualité qui lui manque ordinairement, le courage, et fait de lui un animal fort dangereux; et, il faut le reconnaître, quand il en est réduit à cette extrémité, il ne craint pas de faire mentir le proverbe : « *Les loups ne se mangent pas entre eux.* »

Hélas! les hommes ne sont pas meilleurs que les loups quand ils ont été longtemps privés de nourriture. Nous avons de nombreux et terribles exemples d'anthropophagie auxquels nos estomacs satisfaits se refusent à croire!

C'est toujours au fond d'un bois, dans un endroit bien fourré, et au milieu duquel elle aplanit un espace assez considérable, en coupant, en arrachant les épines avec les dents, et en y apportant ensuite beaucoup de mousse pour en faire un lit commode, que la louve dépose ses petits. Ils sont ordinairement au nombre de six ou sept, rarement moins de trois. La mère les allaite pendant quelques semaines et leur apprend bientôt à manger de la chair, qu'elle leur prépare en la mâchant. Quelque temps après, elle leur apporte des mulots, des levrauts, des perdrix, des volailles vivantes. Les louveteaux commencent à jouer avec elles, et finissent par les étrangler; la louve ensuite les déplume, les écorche, les déchire et en donne un morceau à chacun.

Ils ne sortent du fort où ils ont pris naissance qu'au bout de six semaines ou deux mois; ils suivent alors leur mère qui les mène boire quelque part; elle les ramène au gîte, ou les oblige à se cacher ailleurs lorsqu'elle craint quelque danger ; ils la suivent ainsi pendant plusieurs mois. Quand on les attaque, elle les défend avec fureur et s'expose à tout pour les sauver.

« Si quelque danger se révèle, dit M. De Cherville, si seulement elle reconnaît dans le voisinage immédiat du liteau, les traces de son ennemi le plus redoutable, l'homme, elle n'hésite pas ; elle saisit les uns après les autres les petits dans sa gueule et les transporte à des distances considérables.

« Un sabotier découvrit un matin une portée de loups dans un buisson. Cet homme, tremblant de voir accourir la mère, n'eut pas le courage d'enlever les petits qu'il avait mis à l'air ; il courut à la loge avertir ses compagnons ; ils revinrent en force ; mais bien qu'il fît grand jour et que l'absence n'ait pas duré plus d'une heure, déjà la louve avait enlevé quatre louveteaux des cinq que son nid contenait. »

Le loup a beaucoup de force, surtout dans les parties antérieures du corps, dans les muscles du cou et de la mâchoire ; il porte à sa gueule un mouton, sans le laisser toucher à terre, et court en même temps plus vite que les bergers, en sorte qu'il n'y a que les chiens qui puisse l'atteindre et leur faire lâcher prise.

« J'ai vu, raconte Blaze, l'endroit par où un loup s'était introduit pour voler une chèvre. Il avait démoli le seuil de la porte qui renfermait la pauvre bique ; ce seuil était en briques maçonnées avec du ciment ; tout cela ne faisait qu'un corps dur. L'animal avec ses pattes, avec ses dents, avait tout renversé, il avait creusé un trou assez grand pour entrer dans la cabane et repasser avec la chèvre. »

Lorsqu'on le tire et que la balle lui casse quelque membre, il pousse et un cri, cependant, lorsqu'on l'achève à coups de bâton, il ne se plaint pas comme le chien ; il est plus dur, moins sensible, plus robuste ; il marche, court, rôde des jours entiers et des nuits, et c'est, de tous les animaux, le plus difficile à forcer à la course.

Quoique féroce, il est timide : Lorsqu'il tombe dans un piège, il est tellement et si longtemps épouvanté qu'on peut le tuer sans qu'il se défende, ou le prendre vivant sans qu'il résiste ; on peut lui mettre un collier, l'enchaîner, le museler, le conduire ensuite partout où l'on veut sans qu'il ose donner le moindre signe de colère ou de mécontentement.

Gesner raconte qu'une femme, un renard et un loup étant tombés la nuit dans la même fosse, ils restèrent chacun dans leur place, sans oser se remuer, jusqu'au lendemain matin. Grande fut la stupéfaction de ceux qui trouvèrent ensemble ces trois prisonniers. On commença par tuer le loup et le renard, puis on retira de la fosse la femme qui était plus morte que vive, quoiqu'elle n'eût éprouvé d'autre mal que la frayeur.

« Etant à Lipowski, dit Viardot, notre hôte propose de tuer un loup qu'il avait pris au piège huit jours avant, et que sa jambe blessée n'empêchait pas de bien vivre dans un grenier qu'on lui avait donné pour prison. Quelques chasseurs prirent aussitôt leurs fusils; mais le loup, bête de grande taille, avait coupé la corde qui l'attachait à un poteau, et il errait librement dans son grenier. Alors un paysan qui n'était pourtant ni jeune, ni grand, ni fort, y entra résolument, chercha le loup, le vit dans un coin, lui sauta sur le dos, le prit par les deux oreilles, et, tout en l'entraînant dans la cour, lui passa entre les dents une petite corde qu'il tourna trois ou quatre fois sur le nez pour en faire une muselière; puis il le jeta sans façon sur ses épaules, comme le bon Pasteur avait fait de la brebis égarée, et le porta dans un champ, hors du village. Nous l'avions tous suivi. Quand deux ou trois d'entre nous eurent leurs fusils prêts, le paysan lâcha son loup et lui ôta même la corde du museau. Mais l'animal, penaud et lâche (on sait qu'un loup pris n'est pas brave) se tenait blotti sur la neige sans vouloir avancer. Que fit mon paysan? — Il alla le rouler du pied et le frapper de la main pour le faire courir. Alors, se sentant libre et retrouvant enfin son courage, le loup s'élança sur lui, l'œil en feu, la gueule béante. Le pauvre homme n'eut d'autre ressource que de se jeter, à son tour, le ventre dans la neige. Heureusement nous accourûmes en tirant nos poignards circassiens, et tandis que je mettais le mien entre les dents du loup, mon camarade lui porta dans le flanc une légère estocade qui pénétra plus qu'il n'aurait voulu. La lame était entrée jusqu'aux poumons, et il fallut achever l'animal sur place. »

Cet animal féroce a de tout temps excité contre lui la haine et l'adresse de l'homme qui voudrait pouvoir en exterminer la race. On a été quelquefois obligé d'armer tout un pays pour se défaire des loups. Dans le siècle dernier, on a organisé dans le Gévaudan, des chasses composées de plusieurs milliers d'hommes armés sans pouvoir détruire le loup féroce, *la bête du Gévaudan*, qui a causé tant de terreur, et occasionnée tant de désastres, dans ce pays forestier et montagneux. C'est un porte-arquebuse du roi, un sieur *Antoine*, qui a eu l'honneur de jeter bas le terrible animal dont le souvenir s'est conservé dans le pays.

Les chasseurs distinguent les loups en *jeunes loups*, *vieux loups*, *et grands vieux loups*. Ils les connaissent par les *pieds* ou *voies*, c'est-à-dire par les traces qu'ils laissent sur le sol. Plus le loup est âgé, plus il a le pied gros; la louve l'a plus long et plus étroit, elle a aussi le talon plus petit et les ongles plus minces.

On a besoin d'un bon limier pour la quête du loup; il faut même l'animer, l'encourager, lorsqu'il tombe sur la voie.

« Tous les chiens ne chassent pas le loup, dit M. de Cherville. J'ai cité des faits qui démontrent qu'entre les deux races le rapprochement est possible; mais ces rapprochements ne sont que l'exception et n'infirment nullement l'antipathie profonde et vivace qui les sépare; cette antipathie se traduit, le plus souvent, dans l'espèce canine, par la terreur. Mieux doués que nous sous ce rapport, les animaux n'ont pas besoin d'un acte de guerre pour distinguer l'ennemi de leur espèce; ils le reconnaissent à une odeur spéciale, caractéristique, dont leur instinct à la prescience, et qui les remplit d'épouvante, même dans leur plus jeune âge, même lorsqu'ils la sentent pour la première fois. Un cheval sur lequel on essaye de charger le cadavre d'un loup se cabre, se défend et lutte longtemps avant de se résigner à cet odieux contact; la plupart des jeunes chiens prendront la fuite lorsque la brise leur apportera les émanations d'un loup; s'ils ne fuient pas, ils se réfugient dans les jambes du maître, le poil hérissé, l'œil hagard, tremblants, donnant tous les signes de l'effroi. »

La chair du loup est si mauvaise, l'odeur en est si caractéristique, qu'il n'y a guère que les loups qui la mangent volontiers; les chiens ne l'acceptent que lorsqu'elle a subi certaines préparations et qu'on y a joint certains assaisonnements.

On force les loups avec des chiens courants ; mais comme ils marche toujours en avant et qu'il court tout un jour sans être rendu, cette chasse n'est pas toujours fructueuse, malgré les nombreux relais disposés par les chasseurs.

Dans les campagnes on fait des battues, on tend des pièges, on présente des appâts, on prépare des affûts, on fait des fosses, on répand des boulettes empoisonnées. Tout cela n'empêche pas que l'on ne rencontre encore beaucoup de ces animaux, surtout dans les pays couverts de bois et de forêts.

Les louveteaux pris jeunes s'apprivoisent, s'attachent à leur maître et sont susceptibles d'une certaine éducation. Au commencement, c'est-à-dire la première et la seconde année, ils sont dociles, même caressants ; mais il est bon de veiller sur eux, car leur naturel farouche prend souvent le dessus ; on est alors forcé de les enchaîner pour les empêcher de nuire.

Valmont de Bomare raconte qu'herborisant, en 1762, dans les bois de Monthoiron, près Châtellerault, département de la Vienne, il fit la rencontre de six petits loups qui étaient au gîte et qui n'avaient pas plus de huit jours. « J'en pris un, dit-il, et le mis dans un petit lit convenable que je lui fis faire dans ma voiture ; je le nourris d'abord de lait, ensuite de pain et de lait, puis de soupe. Il prenait des forces comme s'il eût été nourri par sa mère ; ni la fatigue du voyage, ni le changement de nourriture ne l'altérèrent sensiblement Je le caressais beaucoup et le mettais coucher avec moi. Il me léchait, venait quand je l'appelais, et commençait déjà à rapporter ce que je lui jetais à une certaine distance. J'essayai de lui faire manger les entrailles d'un poulet qu'on venait de vider ; jamais il n'eût si bon appétit, ses caresses redoublèrent : mais, je manquai d'être la victime de ma tentative, qui probablement développa en lui le goût naturel de son espèce, qui est carnivore et même anthropophage dans certains cas ; car la nuit suivante rêvant que j'étais en proie à des loups, je me réveillai par l'effet de la peur et de la douleur. Mon louveteau était parvenu à me mordre les cuisses, et suçait le sang qui en sortait. Je ne tardai pas à me défaire de cet animal ; et j'ai appris depuis qu'on avait été obligé de le tuer, tant il était disposé à mordre les enfants de la maison où je l'avais laissé. »

Après avoir dit beaucoup de mal du loup. citons en terminant un trait d'attachement qui est tout à l'avantage de ce féroce carnassier :

« Le conseiller d'Etat Mounier, dit Dupont de Nemours, avait lorsqu'il était préfet d'Ille-et-Vilaine, apprivoisé une louve. On lui donnait largement à manger toutes les deux heures : Elle était devenue obéissante, caressante, si attachée à Melle Mounier, que ayant été malheureuse et moins soignée en son absence, elle mourut de joie en la revoyant, comme le pauvre et bon chien d'Ulysse.

CHAPITRE III

Le Renard. —Curieux instincts. — Un animal rusé. — Les Renards chasseurs. — Extrême prudence. — Le terrier. — Les jeunes Renards. — Leur nourriture. — Le renard d'après Buffon. — Esprit et finesse. — Un associé exigeant. — Le Renard calomnié. — Un Renard étranglé. — La chasse au Renard. — Des parents prévoyants. — Un Renard apprivoisé.

Le Renard (*Vulpes vulgaris ou canis vulpes*) ressemble beaucoup au chien, dont il se distingue cependant par la tête qu'il a plus grosse à proportion du corps, et surtout par son intelligence et par les mœurs. Il a aussi les oreilles plus courtes, la queue plus grande, le poil plus long et plus touffu, les yeux plus inclinés. Il en diffère encore par une très forte odeur qui lui est particulière.

Il s'apprivoise difficilement, jamais parfaitement, languit quand il n'a pas sa liberté, et meurt d'ennui quand on le garde trop longtemps en domesticité.

Le renard a les mêmes besoins que le loup et la même inclination pour la rapine : Il a les sens aussi fins, plus d'agilité et de soupless mais beaucoup moins de force ; cependant, il sait remplacer cette qualité par l'adresse, la ruse et la patience.

Un des premiers effets de l'industrie par laquelle il est supérieur au loup, c'est de se creuser un terrier qui le met à l'abri des injures de l'air et lui sert en même temps de retraite. Pour s'épargner de la peine, il s'empare ordinairement de ceux qu'habitent les lapins; il les en chasse et s'y établit. Lorsque quelque raison le détermine à changer de pays, son premier soin est d'aller visiter tous les terriers dont la position peut lui convenir, surtout ceux qui ont été anciennement habités par des renards. Il les nettoie successivement; et ce n'est qu'après les avoir tous parcourus, qu'il se fixe à la fin : Mais s'il est troublé, même légèrement, dans celui qu'il a choisi, il en change bientôt, et il ne souffre pas que l'inquiétude approche du lieu qu'il destine à sa demeure.

Le renard ainsi établi parcourt en peu de temps tous les alentours de son terrier à une assez grande distance; il prend connaissance des villages, des hameaux, des maisons isolées, et il évente les volailles. Il s'assure des cours où l'on entend des chiens et du mouvement, et de celles où le repos règne; il reconnaît les haies et les lieux couverts qui pourraient, en cas de péril, favoriser son évasion.

Cet attirail de précautions, tant de possibilités prévues, ajoute l'auteur des *lettres sur les animaux*, à qui nous empruntons une partie de ces détails, supposent nécessairement beaucoup de faits déjà connus : Toujours guidé dans sa marche par une défiance raisonnée, il se laisse rarement emporté par l'ardeur de poursuivre une proie qui fuit; il arrive près d'elle en se traînant, et s'en saisit en sautant légèrement dessus. Lorsqu'il est bien assuré que la tranquillité règne dans une basse-cour où il a éventé des volailles, il tâche d'y pénétrer, et son agilité naturelle lui en donne aisément les moyens.

Alors, s'il n'est point troublé, il en profite pour multiplier les meurtres, et il emporte ce qu'il a tué, jusqu'à ce que les approches du jour lui fassent craindre moins d'assurance pour sa retraite. Il amasse ainsi des vivres pour plusieurs jours et cache avec soin tous ses restes pour les retrouver au besoin.

Si le renard est établi dans un pays giboyeux, son industrie a d'autres formes à prendre peu assurer sa voracité : Tantôt il parcourt les campagnes, marche le nez au vent, prend connaissance ou de quelque lièvre au gîte, ou de perdrix couchées dans un sillon; il en approche en silence, ses pas, marqués à peine sur la terre molle, annoncent sa légèreté et l'intention qu'il a de surprendre : Il réussit souvent.

« Le lièvre saisi au bon endroit, dit M. Jobey, se débat vainement sous l'étreinte terrible d'une machoire dont les dents acérées lui pénètrent dans la gorge, pousse un cri d'angoisse, et tout est dit. — Le perdreau n'a pour ainsi dire aucune agonie ; un seul *frou-frou* de ses ailes, et le voilà passé du sommeil au trépas. »

Quelque fois sa ressource est dans la patience ; il se glisse le long des bois, observe le passage d'un lapin, se cache, attend, et le saisit lorsqu'il rentre sans se douter de la présence d'un ennemi.

Mais la chasse n'est pas toujours immédiatement l'objet des courses du renard :

Quoique déjà rassasié, sa prévoyance active le fait marcher encore, moins dans l'intention de chercher une nouvelle proie, que pour prendre des connaissances plus sûres et plus détaillées du pays qui lui fournit à vivre.

Ils revient souvent aux différents terriers qu'il a nettoyés d'abord ; il en fait le tour avec beaucoup de précautions, il y entre et en examine avec soin les différentes gueules ; il s'approche par degrés des objets qui lui sont nouveaux ; chacun de ses pas vers un objet suspect indique la défiance et l'examen. Cependant avec des appâts dont ils sont friands ; on les fait donner dans des pièges qui ne leur sont pas encore connus ; mais, dès qu'ils sont instruits, les mêmes moyens deviennent inutiles. Il n'est point d'appât qui puisse alors faire braver au renard le danger qu'il reconnaît ou qu'il soupçonne. Il évente le fer du piège ; et cette sensation, devenue terrible pour lui, l'emporte sur toute autre impression.

S'il aperçoit que les embûches soient multipliées autour de lui, il quitte le pays pour en chercher un plus sûr. Quelquefois cependant, enhardi par des approches graduelles et réitérées, guidé par le sentiment sûr de son nez, il trouvera le moyen de dérober légèrement et sans s'exposer, un appât placé sur un piège.

Si c'est pour lui un avantage naturel d'avoir une retraite et d'être domicilié, c'est aussi un moyen de plus qu'à son ennemi pour l'attaquer : Il découvre aisément sa demeure et vient l'y surprendre ; mais l'homme a besoin lui-même de beaucoup d'expérience, pour n'être pas mis en défaut par la prudence et les ruses du renard. Si toutes les gueules des terriers sont masquées par des pièges, l'animal les évente, les reconnaît, et plutôt que de s'y faire prendre, il s'expose à une faim cruelle.

On en a vu s'obstiner ainsi à rester jusqu'à quinze jours dans le terrier, et ne se déterminer à sortir que quand l'excès de la faim ne leur laissait plus de choix que celui du genre de mort.

Cette frayeur qui retient le renard n'est ni machinale, ni inactive. Il n'est point de tentative qu'il ne fasse pour s'arracher au péril; tant qu'il lui reste des ongles, il travaille à se faire une nouvelle issue, par laquelle il échappe souvent aux embûches du chasseur.

Si quelque lapin enfermé avec lui dans le terrier vient à se prendre à l'un des pièges, ou si quelque hasard le détend, l'animal juge que la machine a fait son effet, et il y passe hardiment et sûrement.

La seule passion qui fasse oublier au renard une partie de ses précautions ordinaires, c'est la tendresse pour sa famille : La nécessité de la nourrir lorsqu'elle est enfermée dans le terrier rend le père et la mère plus hardis qu'ils ne le sont pour eux-mêmes, et cet intérêt pressant leur fait souvent braver le péril. Les chasseurs savent bien profiter de cette tendresse du renard pour sa famille.

La communauté de soins et d'intérêts suppose des affections qui s'étendent au-delà des besoins physiques proprement-dites. Ces animaux, familiarisés avec les scènes de sang, n'entendent pas sans être émus les cris de leurs petits souffrants.

Les poules ont sans doute le droit de ne pas les regarder comme des animaux compatissants; mais leurs femelles, leurs enfants, tous ceux de leur espèce n'ont pas à s'en plaindre. Cette tendre inquiétude qui porte la femelle du renard à s'oublier elle-même la rend infiniment attentive à tous les dangers qui peuvent menacer ses petits. Si un homme approche du terrier, elle les transporte pendant la nuit suivante : et elle est souvent exposée à déloger ainsi, parce que, c'est précisément quand ils ont des petits, que les renards signalent leur voisinage par des ravages plus grands, et qu'on est plus intéressé à s'en dé aire.

On trouve de jeunes renards dès le mois d'avril; il leur faut dix-huit mois ou deux ans pour atteindre toute leur croissance. Le père et la mère les nourissent en commun, et vont pour cela souvent en quête, surtout quand les petits commencent à devenir voraces : Ils leur apportent des volailles, des perdrix, des lapins, des oiseaux gros ou petits, des taupes et des rats. Parfois, parcourant le bord des étangs, ils saisissent des cannetons, des poules d'eau, en rampant avec précautions au milieu des roseaux et des plantes aquatiques. Faute de grives on mange des merles, dit le proverbe ; faute de gibier succulent, maître renard se contente de lézards, de salamandres et de grenouilles.

« En novembre, à l'époque du frai, dit Tschudi, le renard attrape souvent, dans les ruisseaux limpides, quelques truites ou des écrevisses, qu'il aime beaucoup, et qu'il attire, dit-on, en plongeant sa queue dans l'eau. Ses habitudes le mettent en conflit avec les pêcheurs et les oiseleurs, car, lorsqu'il arrive le premier près d'un filet ou d'un piège, comme il a des notions assez larges sur la propriété, il fait son profit de tout ce qui s'y trouve pris. »

Le gaillard sait varier son régime ; et, de temps en temps il ajoute des fruits à sa nourriture ordinaire : Les fraises des bois, les cerises qui tombent des arbres, et surtout les raisins qu'il se procure plus facilement, lui constituent un excellent dessert.

Comme l'ours, il est grand amateur de miel, son instinct le conduit près des ruches qu'il ne se fait pas faute de dévaster. Il serait heureux, compère renard, si l'homme, son terrible ennemi n'employait toutes sortes de moyens pour l'exterminer.

« Le renard, dit Buffon, est fameux par ses ruses et mérite en partie sa réputation ; ce que le loup ne fait que par la force, il le fait par adresse, et réussit plus souvent. Sans chercher à combattre les chiens et les bergers, sans attraper les troupeaux, sans traîner les cadavres, il est plus sûr de vivre. Il emploie plus d'esprit que de mouvement ; ses ressources semblent être en lui-même ; ce sont, comme on le sait, celles qui manquent le moins. Fin autant que circonspect, ingénieux et prudent même jusqu'à la patience, il varie sa conduite ; il a des moyens de réserve qu'il sait n'employer qu'à propos. Il veille de près à sa conservation ; quoiqu'aussi infatigable et même plus léger que le loup, il ne se fie pas entièrement à la vitesse de sa course ; il sait se mettre en sûreté et se pratiquant un asile où il se retire dans les dangers pressants, où il s'établit, où il élève ses petits ; il n'est point animal vaga-bond, mais animal domicilié ; il s'attache au sol lorsque les environs peuvent lui fournir de quoi vivre.

... Le renard n'habite pas toujours son terrier ; c'est une retraite dont il use dans le besoin ; mais il passe la plus grande partie de son temps à se tenir couché dans les lieux les plus fourrés des bois. »

Il a les sens aussi perfectionnés que le loup, le sentiment plus fin, l'organe de la voix plus souple et plus parfait. Le loup ne signale sa présence que par des hurlements affreux : le renard glapit, aboie, pousse un son triste. Il a des tons différents suivant les sentiments dont il est affecté : Il a la voix de la chasse, l'accent du désir, le son du murmure, le ton plaintif de la tristesse, le cri de la douleur qu'il ne fait jamais enten-dre qu'au moment où il reçoit un coup de feu qui lui casse quelque membre. Il ne crie pas pour toute autre blessure ; et, comme le loup, il se laisse tuer à coups de bâton sans se plain-dre, mais toujours en se défendant avec courage ; il mord dangereusement, opiniâtrement, et on est obligé de se servir d'un ferrement ou d'un bâton pour le faire lâcher prise.

Son glapissement est une espèce d'aboiement qui se fait par des sons semblables et très précipités ; c'est ordinairement à la fin du glapissement qu'il donne un coup de voix plus fort, plus élevé, plus aigu et semblable au cri du paon. En hiver, surtout pendant la neige et la gelée, il ne cesse de donner de la voix ; en été, au contraire, il est presque muet.

Les renards dorment une partie du jour ; ce n'est à propre-ment parler que la nuit qu'ils commencent à vivre ; leurs projets ont besoin, pour être exécutés, de l'obscurité pro-fonde, de l'absence de l'homme et du silence de la campagne. Leur nez les dirige sûrement dans la recherche de leur proie, et les avertit des dangers qui peuvent les menacer : aussi marchent ils toujours le nez au vent.

Voici comment Buffon reproduit les traits qui caractérisent l'esprit et la finesse du renard qui a toujours été regardé comme le symbole de la ruse :

« Cet animal se loge aux bords des bois, à la portée des ha-meaux ; il écoute le chant des coqs et le cri des volailles, il les savoure de loin; il prend habilement son temps, cache son dessein et sa marche, se glisse, se traîne, arrive et fait rarement des tentatives inutiles. S'il peut franchir les clôtures ou passer par dessous, il ne perd pas un instant; il ravage la basse-cour, il y met tout à mort, et se retire ensuite lestement, en emportant sa proie qu'il cache sous la mousse ou qu'il porte à son terrier; il revient quelques moments après en chercher une autre qu'il emporte et qu'il cache de même, mais dans un autre endroit; ensuite une troisième, une quatrième fois, jusqu'à ce que le jour ou le mouvement dans la maison l'avertissent qu'il faut se retirer et ne plus revenir.

« Il fait la même manœuvre dans les pipées et les boqueteaux où l'on prend les grives et les bécasses au lacet : Il devance le pipeur, va de grand matin et souvent plus d'une fois par jour, visiter les lacets, les gluaux, emporte successivement les oiseaux qui sont empêtrés, les dépose tous en différents endroits, surtout au bord des chemins, dans les ornières, sous la mousse, sous un genévrier, les y laisse quelquefois deux ou trois jours, et sait parfaitement les retrouver au besoin : Il chasse les jeunes levrauts en plaine, saisit quelquefois les lièvres au gîte, ne les manque jamais lorsqu'ils sont blessés, déterre les lapereaux dans les garennes, découvre les nids de perdrix, de cailles, prend la mère sur les œufs, et détruit une quantité prodigieuse de gibier. »

Quelquefois deux renards s'associent pour chasser ensemble le lièvre ou le lapin. L'un des renards poursuit le gibier en jappant comme un chien basset, pendant que l'autre se tient au passage ou sur le bord du terrier, prêt à s'élancer sur le gibier lorsqu'il passera à sa portée. Lorsque le coup réussit les deux braconniers se partagent le butin.

« Si l'affûteur a manqué son coup, dit M. Ch. Jobey, il essaye de se rendre compte de sa maladresse; il se remet à son poste, s'élance de nouveau dans le chemin comme si le lièvre y passait encore; il recommence plusieurs fois ce manège; mais, sur ces entrefaites, son associé arrive et devine sur-le-champ la mésaventure. Dans sa mauvaise humeur, le dernier venu se jette sur le maladroit, et les deux renards se battent pendant quelques minutes, puis ils se séparent. l'association est rompue, et chacun s'en va chasser pour son propre compte. »

Sans avoir l'intention de travailler à la réhabilitation du

voleur de poules, dont un grand nombre de fermières ont pu apprécier les méfaits, nous empruntons au même auteur les lignes suivantes :

« Les menées de maître renard sont tellement connues du monde entier, qu'il semblerait impossible de calomnier cet astucieux animal; néanmoins, nous devons dire que sa mauvaise réputation sert quelquefois à couvrir les méfaits de certains braconniers, maraudeurs de villages, qui aiment mieux souvent trouver du *poil* et de la *plume* dans la basse-cour de leurs voisins que d'en aller chercher dans les champs et dans les bois environnants.

« C'est ordinairement à l'occasion des mariages, des baptêmes, des fêtes de Noël, des Rois, des jours gras et enfin de la fête patronale du pays, que les maraudeurs de basse-cour se mettent en campagne. Ils ne laissent pas de courir quelques dangers, car il leur faut guetter le moment favorable pour faire leur opération, attendre l'absence des propriétaires et la nuit noire; tromper la vigilance des chiens de garde, etc...

« S'il n'est pas difficile de casser les reins à un lapin de choux, il est plus dangereux de tordre le cou à une poule, à une oie et une dinde; les volailles crient pour un rien, et elles ont la voix perçante. Le coup fait, on met cela tout naturellement sur le dos du renard! car il a bon dos; le renard; à la campagne, il évite souvent de fâcheuses enquêtes. Dans tous les cas, on a le droit d'en médire, et pardieu! de le calomnier : on ne prête qu'aux riches. »

« Il est incroyable, dit Dietrich de Winckell, avec quelle prudence le renard s'approche des pièges qu'on lui dresse. J'eus un jour le plaisir d'en être témoin. C'était en hiver; la trappe avait été placée sur le passage d'un renard; le crépuscule tombait, quand il s'approcha. Il saisit avidement et sans crainte les morceaux les plus éloignés. En mangeant, il s'asseyait en remuant la queue. En approchant de la trappe, il devenait plus prudent, hésitait avant de prendre quelque chose, et tournait autour de l'endroit; il resta bien dix minutes immobile devant l'appât, le regardant avec convoitise, n'osant y toucher; enfin, s'étant rassuré, il le toucha avec la patte, ne put l'amener, fit une nouvelle pause, puis se précipita dessus; mais à l'instant, la trappe jouait, et il était pris au cou. »

La chasse du renard exige moins d'apprêts que celle du

loup ; elle est plus facile et plus amusante. Tous les chiens ont de la répugnance pour le loup ; tous, au contraire, chassent le renard avec plaisir. Dès qu'il se sent poursuivi, il court à son terrier, où les bassets à jambes torses le suivent aisément : De cette façon, on peut capturer une famille entière. Le plus souvent, on le reçoit à coups de fusil.

Le renard est mis au ban de la forêt ; on ne lui laisse pas un moment de répit ; jamais pour lui la chasse n'est fermée ; tous les moyens pour le détruire sont bons. On le tire, on l'empoisonne, on le prend dans des pièges, on le force, on l'assomme à coups de bâton, on le poursuit partout et de toutes manières. Si cet animal était moins fin, moins rusé, moins circonspect, l'homme en aurait depuis longtemps fait disparaître la race.

Nous avons dit que les renards sont remplis de sollicitude pour leur petits ; un fait cité par Eckström, naturaliste Suédois, indique qu'ils ne les abandonnent pas, même quand ils sont réduits en captivité :

« Dans le voisinage d'une ferme était un terrier où vivait un couple de renards avec ses petits. Le fermier les chassa, mais ne put les saisir. On mit des journaliers à l'œuvre pour découvrir le terrier ; on tua deux petits ; le troisième, le fermier l'emmena chez lui, lui mit un collier et l'attacha à un arbre devant sa fenêtre. Cela se passait le soir ; le lendemain matin, on s'empressa d'aller voir ce qu'était devenu le jeune renard ; il était à la même place, ayant devant lui une grosse dinde avec la tête dévorée. On appela la servante qui avait à veiller sur le poulailler, et elle avoua, les larmes aux yeux, qu'elle avait négligé d'enfermer les dindons. Les vieux renards étaient venus dans la nuit, avaient égorgés quatorze dindes et dindons, dont on trouva les débris dispersés dans les cours, et en avaient apporté un à leurs petits. »

Lorsqu'ils ont été capturés jeunes, les renards s'apprivoisent assez facilement ; ils s'habituent à la nourriture des chiens ; et lorsqu'on s'occupe d'eux avec persévérance, ils deviennent gais et pleins de gentillesse.

« J'ai élevé plusieurs renards, dit Lenz ; et le dernier que j'ai eu fut le plus apprivoisé ; je l'avais eu très jeune. Il commençait seulement à manger, et cependant, il était méchant, enclin à mordre, grondait, rongeait la paille, le bois qu'il avait près de lui, même quand rien ne le troublait. Les bons traitements adoucirent bientôt son caractère et il s'apprivoisa au point qu'il me fut possible de lui retirer de la gueule un lapin qu'il venait d'égorger ; je mettai même mes doigts entre ses mâchoires sans qu'il essayât de me mordre. Il jouait volontiers avec moi, manifestait la plus vive joie lorsque je le visitais, remuait la queue comme un chien, sautait, gambadait, deci, delà. Il se montrait aussi familier vis-à-vis des étrangers ; il les reconnaissait à cinquante pas de distance lorsqu'ils arrivaient au coin de la maison et les invitait, par ses cris à s'approcher de lui, honneur qu'il ne nous accordait pas à mon frère et à moi, probablement parce qu'il savait que nous viendrions quand même.

« Quand un chien s'approchait, il s'élançait sur lui, les yeux étincelants, et en grinçant des dents. Il était aussi gai le jour que la nuit. Il aimait à ronger une chaussure bien graissée. Au commencement, je l'avais laissé seul dans une écurie ; si je lui donnais un hamster gros, fort et méchant, ses yeux brillaient, il s'avançait en rampant et guettait. Le hamster grondait, crachait, montrait les dents et commençait l'attaque. Le renard l'évitait, sautait autour de lui, par dessus lui, lui donnant tantôt un coup de patte, tantôt un coup de dent. Le hamster était obligé, pour éviter ces attaques, de se retourner rapidement ; il finissait, de guerre lasse, par se jeter sur le dos, cherchait dans cette position à se défendre avec ses griffes et ses dents. Le renard savait que le hamster, renversé de la sorte, ne pouvait se mouvoir ; il décrivait alors autour de lui des cercles de plus en plus étroits, le forçait ainsi à se lever, l'attrapait à la nuque et l'égorgeait. Le hamster se campait-il dans un coin, le renard ne pouvait l'y saisir. Cependant il finissait par s'en emparer ; il le provoquait jusqu'à ce qu'il fît un bond, et le saisissait au moment où il retombait.

« Il avait atteint la moitié de sa taille, et n'était pas encore sorti, lorsqu'un jour de fête, où quatre-vingts personnes, au moins, étaient rassemblées, je le mis, pour le montrer, sur la marge, large d'un mètre environ, d'un petit bassin. Toute la société se réunit autour de la balustrade. Surpris de se trouver en lieu inconnu et en aussi nombreuse compagnie, le renard fit le tour du bassin, baissant les oreilles, puis les relevant, regardant de tous côtés, montrant qu'il se sentait en danger ; il chercha à s'enfuir à travers la balustrade par un endroit que personne n'occupait. Mais il ne put y parvenir. Se figurant alors qu'il serait plus en sûreté au milieu du bassin, il fit un bond et tomba dans l'eau ; fort effrayé au moment où il fit le plongeon, il chercha ensuite à se soutenir à la surface, et nagea jusqu'au moment où je vins le retirer.

« Une nuit de brouillard, il quitta son écurie, se promena dans la forêt, et le lendemain se montra à Reinhards-Brunn ; là, il se laissa attirer par des gens qui le prirent et me le ramenèrent. La seconde fois qu'il alla ainsi se promener sans permission, je le rencontrai par hasard dans la forêt ; il me sauta dessus, plein de joie, et je pus le reprendre. La troisième fois, je le cherchai dans le parc d'Ibenhain, accompagné de seize jeunes garçons. Nous arrivions en masse ; il ne parut pas vouloir se laisser reprendre ; il s'assit, pensif, près d'une haie et nous regarda avec méfiance. Je m'approchai de lui à pas lents et lui parlai amicalement, espérant pouvoir le saisir, mais, au moment où je me baissais, il saute par dessus ma tête, s'enfuit et s'arrête de nouveau à cinquante pas. Je renvoyai toute ma bande, je parlementai avec lui, et bientôt il était sur mes bras. »

« La première fois que je lui posai un collier, il bondit de colère, puis il gémit, se tordit, donnant tous les signes des plus fortes coliques, et pendant plusieurs jours refusa obstinément toute nourriture.

« Un jour, je jetai un gros chat dans son écurie, il devint furieux, il grondait, hérissait ses poils, faisait des bonds prodigieux, mais n'osa pas l'attaquer. Vis-à-vis de moi, au contraire, il montra un certain courage. Un jour que j'avais lassé sa patience, il me mordit la main, je lui donnai un soufflet ; nouvelle morsure, nouveau soufflet ; enfin à la troisième morsure je le saisis au collier, le soulevai, lui donnai une volée de coups de bâton ; il en devint furieux, transporté de rage, cherchant toujours à me mordre. Ce fut d'ailleurs, la seule fois où il mordit quelqu'un avec intention, quoique je l'aie conservé pendant des années, et que tous les jours il jouât avec des gens qui souvent le tourmentaient. »

CHAPITRE IV

Le Blaireau. — Description. — Son terrier. — Un propriétaire chassé. — Défense courageuse. — Les Blaireaux apprivoisés. — Les jeunes. — Les mœurs du Blaireau. — Un animal égoïste et paresseux. — Combats de Blaireaux contre des vipères. — Observations sur des Blaireaux apprivoisés.

Le BLAIREAU COMMUN (*Taxus ou meles vulgaris*) connu vulgairement sous le nom de *Taisson*, est un habitant des bois que tous les naturalistes considèrent comme le type de l'égoïste.

Cet animal, qui ressemble au chien par le museau, est bas sur jambes ; il a le corps allongé, le cou court, les oreilles courtes et arrondies, assez semblables à celles du rat domestique, le poil long, très épais, rude comme des soies de porc. Son dos est mêlé de noir et de blanc, ce qui lui a valu dans les campagnes le surnom de *grisart*. Les poils du ventre sont presque noirs contrairement à ce qui se passe dans presque tous les autres animaux dont la coloration du dessous du corps est toujours moins foncée que celle du dos.

Les jambes du blaireau, quoique courtes, sont très fortes ainsi que la mâchoire et les dents ; les ongles, surtout ceux des pieds de devant, sont très longs et très fermes. Rangé pendant longtemps parmi les *ours*, à cause de son corps lourd, massif, et de sa marche plantigrade, cet animal est encore maintenu dans cette famille par certains naturalistes ; mais, le plus grand nombre le réunissent aux *mustélidés*, dont il se rapproche par son squelette, sa dentition, et la disposition des parties molles.

Le blaireau a des caractères bien tranchés et dignes de remarque qui lui sont propres : Tels sont les bandes alternativement noires et blanches qu'il a sur la tête, et l'espèce de poche qui règne entre l'anus et la queue. Cette poche, assez large, ne communique point à l'intérieur; elle pénètre environ à trois centimètres de profondeur, et il en suinte continuellement une liqueur onctueuse, d'assez mauvaise odeur, qu'il se plait à sucer. La queue est courte et garnie de poils longs et forts.

Cet animal est paresseux, défiant, solitaire; il se retire dans les lieux les plus écartés, dans les bois les plus sombres, s'y creuse une demeure souterraine où il passe les trois quarts de sa vie, et d'où il ne sort que pour chercher sa subsistance. Cette demeure, pratiquée sur le flanc le plus exposé au soleil des collines boisées, est tortueuse, oblique, compte de quatre à huit ouvertures et plusieurs couloirs aboutissant à la pièce principale appelée *donjon*.

Maître renard, qui n'a pas la même facilité pour creuser la terre, vient souvent comme un voleur s'emparer du domicile du paisible blaireau. Ne pouvant le contraindre par la force, il n'est pas de moyen qu'il ne mette en œuvre pour l'obliger à quitter sa demeure. La rusée bête l'inquiète en faisant sentinelle à l'entrée du repaire; et, connaissant l'excessive propreté du blaireau, elle l'attaque par son côté faible, se glissant dans le terrier, y déposant des ordures fétides, renouvelant ce stratagème jusqu'à ce que le solitaire n'y tenant plus, et recherchant avant tout sa tranquillité, cède la place, non toutefois, sans pousser force grognements.

Le peu scrupuleux compère s'installe dans le souterrain, l'élargit, l'approprie à sa convenance et s'en fait une habitation confortable.

Le blaireau ne change pas, pour cela, de pays; il va un peu plus loin se pratiquer un nouveau gîte, d'où il ne sort guère que la nuit, d'où il ne s'écarte guère, et où il revient dès qu'il craint quelque danger.

C'est pour lui le meilleur moyen de se mettre en sûreté, car ses jambes courtes ne lui permettent guère d'échapper par la fuite.

Lorsqu'il est surpris par les chiens, il se jette sur le dos, combat longtemps, se défend courageusement et jusqu'à la dernière extrémité, avec ses griffes et ses dents qui font de profondes blessures. Quelquefois, il s'accule comme le sanglier et se lance comme lui sur les chiens. Sa peau, comme sa vie, est si dure, qu'il est peu sensible à leurs morsures; il paraît cependant qu'on le tue facilement en le frappant sur le nez.

La chasse du blaireau est laborieuse ; son extrême prudence la rend toujours difficile. Il n'y a guère que les bassets à jambes torses qui puissent entrer dans les terriers. Le blaireau se défend en reculant, et éboule de la terre afin d'arrêter ou d'enterrer les chiens. Lorsqu'on juge qu'il est acculé au fond de sa demeure, on se met à ouvrir le terrier par dessus ; on serre l'animal avec de grandes tenailles, et on peut le museler pour l'empêcher de mordre.

Les petits s'apprivoisent aisément ; ils jouent avec les jeunes chiens et, comme eux, suivent la personne qu'ils connaissent et qui leur donne à manger ; mais ceux que l'on prend vieux demeurent toujours sauvages.

Ils ne sont ni malfaisants, ni gourmands, comme le renard et le loup ; ils mangent de tout ce qu'on leur offre : du pain, de la chair, des œufs, etc... mais ils préfèrent la viande cru à toute autre nourriture ; ils dorment beaucoup, sans être cependant sujets à l'espèce d'engourdissement qu'éprouvent pendant l'hiver, les marmottes et les loirs. Ce sommeil fréquent fait qu'ils sont toujours gras, quoiqu'ils ne mangent pas beaucoup ; et c'est par la même raison qu'ils supportent aisément la diète, et qu'ils restent souvent dans leur terrier trois ou quatre jours sans en sortir, surtout dans les temps de neige.

Les blaireaux, nous l'avons dit, aiment beaucoup la propreté ; leur domicile, ventilé par de nombreuses ouvertures, est toujours en ordre ; ils n'y font jamais leur ordure et n'y en souffrent d'aucune sorte.

Lorsque la femelle du blaireau a des petits, elle leur apporte à manger dans le terrier. Elle ne quête que la nuit, va plus loin que dans les autres temps ; elle déterre les nids des bourdons et en emporte le miel ; elle prend les jeunes lapereaux, saisit aussi les mulots, les lézards ; les serpents, les sauterelles, enlève les œufs des oiseaux et tout ce qu'elle peut attraper, pour le porter à ses petits, qu'elle fait souvent sortir sur le bord du terrier, soit pour les allaiter, soit pour leur donner à manger.

Les blaireaux sont naturellement frileux ; ceux qu'on élève dans la maison ne veulent pas quitter le coin du feu et s'en approchent de si près qu'ils se brûlent les pattes.

On peut, rigoureusement, manger la chair du blaireau ; on fait, de sa peau, des colliers pour les chiens, et des couvertures pour les chevaux de trait.

Différents observateurs avaient avancé que le blaireau ne sort jamais d'un terrier tant que le soleil est au-dessus de l'horizon; ce fait est démenti par Tschudi :

« Les mœurs nocturnes du blaireau, dit-il, son aversion pour la lumière, la rudesse de son poil, la ténacité de sa peau, et la ténacité plus considérable encore de sa vie, caractérisent cet animal égoïste et abruti. N'y aurait-il point, comme à propos de toute individualité animale, un parallèle saisissant à établir entre le caractère de certains personnages et celui du blaireau?

« Quoi qu'il en soit, le blaireau ne craint pas autant le jour qu'on le suppose : il craint plutôt les hommes, et ne passe la journée dans son terrier que pour ne pas être dérangé. Un chasseur qui eut le rare bonheur d'observer longtemps et commodément un blaireau en liberté, nous a fourni à cet égard des renseignements qui pourront servir à redresser quelques erreurs. Il fit de fréquentes visites à son terrier qui s'ouvrait au bord d'une crevasse, de manière à laisser pénétrer dans son intérieur les regards d'un observateur placé sur le revers opposé. Ce terrier était fréquenté; la terre nouvelle déposée devant l'ouverture était si unie et tellement battue, qu'il était impossible de remarquer des traces qui pussent faire conclure à la présence de petits dans l'intérieur.

« Lorsque le vent était favorable, le chasseur rampait sur le bord opposé et se glissait à proximité du trou, d'où il ne tardait pas à voir sortir un vieux blaireau qui, tout en s'étendant en grognant, semblait se trouver fort bien au soleil. Le fait se répéta, et chaque fois que, de jour, le chasseur observa le terrier, il en vit le propriétaire couché au soleil, passer son temps dans une douce quiétude et un *far niente* complet. Tantôt il regardait autour de lui, fixait son regard avec plus d'attention sur certains objets, puis se balançait sur ses pattes de devant, à la manière des ours. De temps en temps son repos était subitement troublé par ses parasites, que quelques coups de griffes et de dents remettaient bientôt à l'ordre. Satisfait de sa vengeance, le blaireau s'étendait alors au soleil avec une recrudescence de bonheur, se plaçait aussi commodément que possible, tournant vers la chaleur tantôt son large dos, tantôt son ventre rebondi. Puis, ce passe-temps paraissant l'ennuyer, il levait le nez, se tournait de tous côtés en flairant et, ne trouvant rien, des velléités de prudence le faisaient rentrer dans sa demeure. Dans une autre occasion, il se réchauffa sur sa terrases, trotta à quelque distance pour se débarrasser des résidus de la nourriture prise la nuit précédente, revint sur ses pas, puis, conformément à ses instincts de prudence et de propreté, il retourna au même endroit et se mit à couvrir de terre ses déjections, afin qu'elles ne pussent pas le trahir. En revenant lentement, il flaira le sol sans s'arrêter à paître, recommença à s'étendre et à s'amuser au soleil, et enfin, lorsque l'ombre des arbres voisins vint l'atteindre, il rentra péniblement et comme à regret dans son terrier, pour y dormir probablement quelques heures et se préparer aux fatigues de la nuit.

« Il n'est peut-être pas d'être plus occupé de lui-même, plus égoïste, défiant et hypocondre que cet animal. »

Le célèbre Lenz, cet observateur si judicieux et si consciencieux, voulut savoir à quoi s'en tenir au sujet de prétendus combats que les blaireaux livreraient à des vipères. Il s'en procura un, grand et fort, qui avait été capturé dans son terrier, et qu'il plaça dans une grande caisse. L'animal restait immobile toute la journée, couché dans le même coin ; il ne s'éveillait que vers dix heures du soir et commençait alors à se mettre en mouvement.

« Si je voulais, rapporte Lenz, le faire changer de place, il me fallait le pousser fortement avec une pelle. A ce moment, il soufflait violemment, et produisait, en secouant fortement son ventre, une sorte de bruit de tambour tout particulier ; quand il s'élançait pour mordre, il criait comme crie un grand chien ou un ours au moment où il attaque.

« Le premier jour je lui donnai des carottes, et mis dans sa cage un orvet et deux couleuvres.

« Le lendemain, il n'avait encore rien mangé ; il avait seulement mordu fortement une couleuvre au milieu du corps ; mais elle vivait encore. Le soir, je lui mis deux vipères. Il ne parut pas y prendre garde ; leurs sifflements n'arrivèrent pas à troubler son repos ; il ne dormait cependant pas, et il les laissa ramper autour de lui comme avaient fait les couleuvres.

« Le troisième jour, il n'avait encore rien mangé, si ce n'est environ dix centimètres de la couleuvre qu'il avait blessé la veille. Je lui donnai encore une mésange morte, un morceau de lapin et des raves.

« Le matin du quatrième jour, je trouvai qu'il avait mangé l'orvet, les deux vipères, une bonne partie des deux couleuvres et de la viande de lapin; il n'avait touché ni à la mésange, ni aux raves, ni aux carottes. Il paraissait très éveillé, les vipères lui avaient fait du bien. Je voulus me donner le spectacle de les lui voir dévorer; mais comment y arriver, l'animal étant très timide et ne mangeant que la nuit?

« J'avais déjà une ruse en vue. Le blaireau aime beaucoup à boire de l'eau fraîche; il arrive que lorsqu'il ne quitte de long temps son terrier, par suite de pièges qu'on lui a tendus, il court à l'eau dès qu'il peut s'échapper, et y boit tant qu'il en meurt. Je laissai donc mon blaireau deux jours sans lui donner à boire, je lui présentai une grande vipère que je venais de plonger dans l'eau fraîche. Dès qu'il sentit l'eau, il se leva et lécha le serpent; celui-ci chercha à échapper; le blaireau le maintient avec ses pattes, lui déchira le corps et parut le dévorer avec plaisir; la vipère ouvrait une gueule menaçante, mais ne mordait pas. Je plaçai alors dans la caisse une gamelle pleine d'eau, le blaireau abandonna la vipère et but avec avidité. Il ne boit pas en lappant, mais il plonge tout le museau dans l'eau et fait aller sa mâchoire intérieure comme pour mâcher. »

Voici d'autres observations rapportées par Brehm, et faites par M. De Pietruski, sur des blaireaux en captivité :

« En mai 1833, raconte-t-il, je reçus une paire de jeunes blaireaux, âgés au plus de quatre semaines. Les premiers jours de leur captivité, ils étaient très craintifs et restaient ramassés en boule toute la journée et toute la nuit. Au bout de cinq jours, cette timidité disparut et ils arrivèrent à prendre leur nourriture dans ma main. Ils mangeaient tout, du pain, des fruits, du laitage, mais ils préféraient surtout la viande crue. Je les tenais dans mon antichambre, et ils accouraient quand on les appelait par leur nom. Cela dura trois semaines, mais toute la nuit ils étaient agités, ils cherchaient sans cesse a creuser; cela me força à les enfermer dans une cage garnie de barreaux en fer, comme celles que l'on voit dans les ménageries, et que j'établis hors de mon appartement; ils y passèrent tout l'été. J'eus soin de tenir cette cage très propre. Mais, en automne, je vis qu'il m'était impossible de les y conserver plus longtemps, leur poil devint sale dès le commencement d'octobre : je résolus alors de les mettre dans les mêmes conditions qu'à l'état de liberté, et cela me réussit parfaitement.

« Je fis établir une forte palissade autour d'une fosse murée, qui avait 20 mètres de diamètre, et dans laquelle on pouvait descendre par un escalier. Dans le fond, je fis construire une petite cabane de 2 mètres de long, 2 mètres de large, et environ un demi-mètre de haut. J'y mis mes blaireaux, et ils ne tardèrent pas à s'accoutumer à ce nouveau logis. Au bout de dix jours, ils commencèrent à se creuser un terrier. Leur activité était infatigable. Ils fouissaient avec leurs pattes de devant et rejetaient avec celles de derrière la terre qu'ils avaient détachée. La femelle montrait plus d'activité que le mâle. En quinze jours, le terrier avait 2 mètres de profondeur, mais il était tout entier dans la cabane qui avait été établie. Les blaireaux se mirent alors à l'élargir, de manière qu'ils y pussent dormir commodément. Ils manquaient de bonne couchette ; je remarquai qu'ils ramassaient toute l'herbe qu'ils pouvaient trouver ; je leur fis donner du foin, ils surent bien l'employer, et c'était un spectacle très intéressant que de les voir prendre ce foin entre leurs pattes de devant comme font les singes et le transporter dans leur terrier. Ils continuaient cependant à creuser ; à côté de leur première pièce, qui leur servait de chambre à coucher, ils en firent une autre, comme chambre de provisions, et trois autres petites, où ils déposaient leurs ordures. Ils n'avaient encore fait qu'une ouverture à l'intérieur de la cabane ; ils ne furent satisfaits que lorsqu'ils eurent creusé une sortie à l'extérieur. A ce moment, ils furent parfaitement libres, et purent entrer et sortir à leur gré, et même pénétrer dans le jardin à travers des trous de la palissade.

« C'était charmant que de les voir jouer au clair de lune. Ils aboyaient comme de petits chiens, grognaient comme des marmottes, s'embrassaient tendrement comme des singes, faisaient mille et mille tours.

« Lorsqu'un mouton ou un veau périssaient dans les environs, mes blaireaux étaient aussitôt près de son cadavre. On ne se figure pas quels gros morceaux de chair ils apportaient dans leur terrier de plus d'un quart de lieu de distance. Le mâle s'éloignait peu, mais la femelle me suivait dans toutes mes promenades.

« Ils restèrent les mois de décembre et de janvier blottis dans
terrier, et ne sortirent qu'en février ; je ne pus, malheureusement continuer mes observations sur ces deux animaux : Le
premier avril la femelle fut prise dans la forêt voisine dans un
piège à renard et tuée. »

CHAPITRE V

Le Sanglier. — Description. — La Laie et les Marcassins. — Une ma-
râtre. — Termes de chasse. — La chasse au Sanglier. — Mort héroï-
que. — Un intrépide bûcheron. — Les dangers de la chasse au Sanglier. — Anecdotes. — Armes terribles. — Comment on chassait les
Sangliers.

Parmi les hôtes de nos forêts, il en est un qui fait la joie
des chasseurs, dont il exerce l'adresse et qu'il met à même de
montrer leur intrépidité ; mais qui fait le désespoir des cultivateurs dont il dévaste les récoltes, en causant des dégâts très
considérable : C'est le SANGLIER (*Aper ou sus scrofa*).

Tous les sangliers ne sont pas aussi terribles que le monstre
qui désolait l'Arcadie et dont Hercule s'empara sur la montagne d'Erimanthe ; tous ne sont pas aussi redoutables que
celui qui avait été suscité par Diane pour ravager le pays
de Calydon et dont Atalante, qui l'avait blessé la première,
reçut la hure des mains de Méléagre. Cependant, ces récits des
temps fabuleux indiquent que le sanglier est un terrible adversaire qui vend chèrement sa vie et ne succombe qu'après avoir
bravement combattu.

Le sanglier est la race sauvage dans l'espèce du cochon.
Quoique ces animaux n'aient à chaque pied que deux doigts
qui touchent la terre, et que ces doigts soient terminés par un
sabot, ils diffèrent essentiellement des animaux à pieds four-
chus. Ils s'en éloignent, non seulement par la conformation

des jambes et des pieds, mais encore parce qu'ils n'ont point de cornes, parce qu'ils ont des dents incisives à la mâchoire supérieure, des canines très longues connues sous le nom de défenses et de crochets, et par beaucoup d'autres caractères.

Le sanglier ne diffère à l'extérieur du cochon domestique qu'en ce qu'il a les défenses plus longues, le boutoir plus fort, la hure plus grosse; il a aussi les pieds plus gros, les pinces plus séparées, et le poil toujours noir.

La partie du groin des sangliers et des cochons, à laquelle on donne le nom de *boutoir*, est formée par un cartilage rond qui renferme un petit os.

Le boutoir est percé par les narines et placé au-devant de la mâchoire supérieure; cette partie qui forme le nez a beaucoup de force et sert à l'animal à percer, fouiller et retourner la terre.

Le sanglier a la tête plus longue, la partie intérieure du chanfrein plus arquée, et les défenses plus grandes et plus tranchantes que ne sont les crochets du cochon; sa queue est courte et droite; il est couvert de soies dures et pliantes, mais il a, de plus, un poil doux et frisé, à peu près comme de la laine. Ce poil est entre les soies; il a une couleur jaunâtre, cendrée ou noirâtre sur différentes parties du corps de l'animal ou à ses différents âges.

Tant que le sanglier est dans son premier âge, on le nomme *marcassin* : Il porte alors des couleurs qu'il perd dans la suite et qu'on appelle sa *livrée*. Elle forme des bandes qui s'étendent le long du corps, depuis la tête jusqu'à la queue, et qui sont alternativement fauve clair, et de couleur mêlée de fauve et de brun. La bande qui se trouve sur le garot et le long du dos est noirâtre; il y a sur le reste du corps de l'animal un mélange de blanc, de fauve et de brun.

Lorsque le sanglier est adulte, il a le groin et les oreilles noirs, le reste de la tête mélangé de blanc, de jaune et de noir dans quelques endroits. Les soies du dos sont les plus longues; elles sont couchées en arrière, et si serrées que l'on ne voit que la couleur brune roussâtre qu'elles affectent à la pointe, quoiqu'elles aient aussi du blanc sale et du noir dans le reste de leur étendue.

Les soies des côtés du corps et du ventre ont les mêmes couleurs que celles du dos; mais comme elles sont moins serrées, le blanc y paraît avec le brun ; celles de jointures sont de couleurs plus pâles ; le bout de la queue et les jambes sont noirs.

Le sanglier a les sens de la vue, de l'ouïe, de l'odorat meilleurs que le cochon ; comme le cochon il est omnivore, mais il ne dévore pas, comme lui, toutes sortes d'ordures ; il vit ordinairement de graines, de fruits, de glands, de racines, et n'est pas sujet à devenir ladre. Il fouille la terre plus profondément que le cochon et presque toujours en ligne droite dans le même sillon. Il semble aussi qu'il a plus de sentiment et d'instinct. Les petits sont fidèlement attachés à leur mère, qui paraît aussi plus attentive à leurs besoins que ne l'est la truie domestique.

« La Laie, dit M. de Cherville, reste dans son fort avec ses marcassins pendant trois ou quatre mois ; elle est, à cette époque, sans cesse aux aguets, et, en raison de la finesse de son ouïe et de son odorat, il est fort difficile de la surprendre. Si les petits sont attaqués, elle les défend avec un courage, avec un acharnement sans égal, non seulement contre les loups et les chiens, mais contre l'homme lui-même.

« M. Lavallée raconte qu'un bûcheron ayant enlevé un marcassin, fut attaqué par la laie et forcé de se réfugier dans un baliveau ; celle-ci se mit à couper avec ses dents le pied de l'arbre, et elle eût fini par le jeter bas, si on ne l'eût elle-même abattue de plusieurs coups de feu.

« Cependant, un ancien piqueur, Clamart, qui a publié les observations puisées dans une pratique de cinquante années, prétend que seule entre toutes les femelles des autres animaux, la laie chassée ne retourne pas à ses marcassins : « Ce sont ceux-ci, dit-il, qui, si jeunes qu'ils soient vont la rejoindre en prenant la fuite dès qu'ils n'entendent plus le bruit de la chasse. » Quelle que soit l'autorité de Clamart, j'ai peine à croire à ce fait qui se concilie si peu avec l'attachement maintes fois prouvé de la laie pour sa progéniture. »

En terme de chasse, on appelle *bête de compagnie* les sangliers qui qui n'ont pas passé trois ans parce que, jusqu'à cet âge, ils ne se séparent pas les uns des autres, et qu'ils suivent tous leur mère commune : ils ne vont seuls que quand ils sont assez forts pour ne plus craindre les loups.

Ces animaux forment donc, d'eux-mêmes, des espèces de troupes, et c'est de là que dépend leur sûreté lorsqu'ils sont attaqués; ils résistent par leur nombre, ils se secourent, ils se défendent; les plus gros font face en se pressant en rond les uns contre les autres, et en mettant les plus petits au centre.

On chasse le sanglier à force ouverte, avec des chiens, ou bien on le tue par surprise, pendant la nuit, au clair de la lune. Comme il fuit très lentement, qu'il laisse une odeur très forte, qu'il se défend contre les chiens et les blesse dangereusement, il ne faut pas le chasser avec les bons chiens courants destinés au cerf et au chevreuil; des mâtins bien dressés suffisent pour cette chasse.

« On chasse, dit M. De Cherville, le sanglier comme le chevreuil, à cheval et à forcer, à cheval ou à pied pour le tirer. Dans certains département, et particulièrement dans ceux de l'est et du nord, on se sert contre lui de chiens spéciaux, de *mâtins* qui le coiffent et fournissent ainsi au chasseur le moyen de tuer l'animal, soit au couteau, soit avec une carabine. Enfin, on le chasse encore à l'affût et en battue. L'équipage que l'on emploie contre le sanglier, se nomme le *vautrait*. »

On attaque de préférence les plus vieux que l'on connaît aisément aux traces. Une jeune sanglier de trois ans est difficile à forcer, parce qu'il court très loin sans s'arrêter, tandis qu'un sanglier plus âgé se laisse chasser de près, n'a pas grand'peur des chiens, et s'arrête souvent pour leur faire tête. C'est un véritable combat dans lequel la défense est toujours digne de l'attaque.

« Que l'on me cite, dit encore M. De Cherville, beaucoup de sangliers qui aient été portés bas par une meute seule et sans aide ? Il se retranche devant un arbre, devant un rocher, et le combat commence sur le terrain qu'il s'est choisi, combat terrible, au moins pour les chiens. Ses petits yeux jettent des flammes, son poil hérissé double le volume de son corp ; ses défenses choquent ses grais avec un bruit étrange, sinistre; de son énorme poitrine sort un souffle puissant que l'on entend à de grandes distances; il est monstrueux et il est superbe de résolution et d'audace. Les chiens forment un large cercle autour de lui, et jettent aux échos des abois particuliers qui font palpiter le cœur de tous les chasseurs ; tantôt, immobile, il semble défier ses ennemis, tantôt il piétine dans un cercle étroit avec une agilité indicible, et tantôt enfin, las d'attendre, il s'élance, charge à droite, charge à gauche, ayant un coup de boutoir pour tous les de coups dents, refoulant les masses d'assaillants, les couchant les uns sur les autres, le ventre ouvert, les entrailles pendantes, se débarrassant des plus vaillants qui se sont pendus à ses écoutes, sans se laisser plus décourager par l'acharnement que par le nombre de ses adversaires; tellement enivré de sa fureur meurtrière, qu'il ne recule plus même quand l'homme est devant lui, quand l'œil béant de la carabine, qui va vomir la mort, croise son regard; il tombe aussi fièrement aussi intrépidement qu'il a combattu, et son dernier soupir, entre ses dents contractées, est encore une menace. »

Telle est, en quelques mots, cette chasse fort dangereuse pour les imprudents. Le sanglier n'attaque pas l'homme s'il n'est pas provoqué; mais il ne souffre pas volontiers une offense; et, s'il est excité, il se précipite en aveugle sur l'assaillant.

Un sanglier de forte taille, harcelé par les chiens, en avait éventré plusieurs; échappant à la meute, il se précipita sur un pauvre bûcheron qui prenait tranquillement son repas à quelque distance, à la porte de sa hutte, et qui fut roulé par terre avant d'avoir aperçu son agresseur. Le sanglier allait lui labourer le corps avec ses terribles défenses; mais, le courageux bûcheron fut debout en un clin d'œil; il saisit à deux mains sa lourde hache et l'abattit à plusieurs reprises sur la tête du monstre qu'il n'aurait peut être pas vaincu, si les chiens, restés valides, n'étaient arrivés à son secours suivis bientôt par les chasseurs qui achevèrent la besogne si vaillamment commencée.

Dietrich raconte que, dans sa jeunesse, il fut un jour forcé de pousser son cheval à toute vitesse, pour se soustraire à la fureur d'un sanglier, auquel, en passant, il avait lancé un coup de fouet.

« Le chasseur, dit-il, doit se tenir en garde d'un sanglier blessé. Il fond sur lui avec une vitesse surprenante. Ses boutoirs font des blessures dangereuses; mais rarement il s'arrête, et plus rarement encore il revient sur ses pas. Si l'on ne perd pas la tête, il faut laisser le sanglier arriver tout près de soi, puis se réfugier derrière un arbre, ou seulement faire un saut de côté; le sanglier n'étant pas habile à se retourner passe outre. Si l'on ne peut se sauver ainsi, il ne reste plus qu'à se jeter par terre, l'animal ne pouvant frapper que de bas en haut, et nullement de haut en bas. »

Plus d'un amateur consommé a failli perdre la vie à cette chasse. Hœfer rapporte le fait suivant : « Napoléon Ier, dit-il, raconte, dans le *Mémorial de Saint-Hélène*, le danger qu'il avait couru dans une de ces chasses, comment, dans le bois de Marly, il tint bon, avec Soult et Berthier, contre trois énormes sangliers qui les chargeaient à bout portant. « Nous les tuâmes roide tous les trois, dit-il ; mais je fus touché par le mien, et j'ai failli en perdre le doigt que voilà. » — La dernière phalange de l'avant-dernier doigt de la main gauche portait en effet, une forte cicatrice. « Mais le risible, ajouta l'empereur, c'était de voir la multitude, entourée de tous ses chiens et se cachant derrière les chasseurs, crier à tue tête : à l'empereur ! Sauvez l'empereur ! Mais personne n'avançait. »

« A voir les boutoirs du sanglier, dit Brehm, on juge que cette arme est terrible. Les mâles se distinguent des laies en ce qu'ils sont mieux armés. A deux ans, ces dents apparaissent ; à trois ans, celles de la mâchoire inférieure prennent un plus grand développement, se dirigent en haut, et se recourbent légèrement. Les supérieures se recourbent de même en haut, en s'écartant de la mâchoire, mais elles n'ont pas la moitié de la longueur des inférieures. Les boutoirs sont d'un blanc brillant, aigus et pointus, et le deviennent toujours plus par le frottement. Plus l'animal est âgé, plus leur courbure est prononcée, plus aussi ils deviennent forts et longs. Chez le vieux sanglier, le boutoir inférieur se recourbant presque par-dessus le groin, il ne lui reste plus que le boutoir supérieur pour combattre. Les blessures faites par ces armes sont très dangereuses ; elles sont mortelles, quand un organe noble est atteint. Le sanglier les enfonce dans les jambes ou le ventre de son adversaire, puis, relevant la tête et la renversant en arrière, il fait d'un coup une plaie profonde et étendue ; il perce tous les muscles de la cuisse jusqu'à l'os, ou découd les parois abdominales et déchire les intestins.

« De forts sangliers attaquent des animaux beaucoup plus grands qu'eux ; ils peuvent ouvrir à un cheval le ventre et la poitrine. Ceux de six et de sept ans sont plus dangereux que ceux d'un âge plus avancé dont les boutoirs sont fortement recourbées en dedans. »…..

… « On se servait autrefois, pour lui faire la chasse, de chiens spéciaux, forts, courageux, rapides. Les uns levaient le sanglier, les autres le coiffaient. Avant qu'ils eussent pu saisir leur ennemi aux oreilles, plus d'un était blessé, avait le ventre décousu. Des deux côtés on déployait la même valeur, mais sous les coups de huit ou neuf chiens, le sanglier devait finalement succomber. Il cherchait à se couvrir les derrières; il s'acculait à un tronc d'arbre, à un buisson, et frappait à droite et à gauche. Les premiers assaillants étaient les plus meurtris. Mais une fois que l'un avait mordu, il ne lâchait plus, et se laissait plutôt traîner plusieurs centaines de pas. Le sanglier était ainsi maintenue jusqu'à l'arrivée des chasseurs. »

Le marcassin ou jeune sanglier, quand il a passé l'âge de six mois, prend, jusqu'à un an, le nom de *bête-rousse*; à un an, il devient *bête de compagnie*; passé la deuxième année, on le nomme *ragot*; à trois ans faits, il est *sanglier*, ou sangliers à son *tiers ans*; à quatre ans, on le nomme *quartennier*; enfin, à cinq ans, il s'appelle *vieux sanglier*, et ne porte plus d'autre nom.

CHAPITRE VI

Une route dans la forêt. — Le Cerf. — Chasse au Cerf. — Description du Cerf. — Ses habitudes. — Son régime. — Termes de vénerie. — Hardes de Cerfs. — Vieux et jeunes Cerfs. — Leurs bois — Cerfs apprivoisés. — Un Cerf effrayé. — Il faut se méfier des Cerfs captifs.

Nous suivons, par une fraîche matinée du mois de mars, la belle route qui traverse la forêt. De chaque côté s'élèvent de hautes futaies de beaux chênes dont les bourgeons gonflés laisseront bientôt s'épanouir leurs feuilles. La flore printanière orne déjà les talus des fossés à la lisière des bois : Des pulmonaires aux feuilles tachetées comme par des gouttes de lait étalent leurs jolies corolles bleues, à côté des grappes de fleurs jaunes des primevères; partout on sent circuler la sève; encore quelques jours et la verdure aura envahi et transformé le paysage.

Tout à coup une joyeuse fanfare à laquelle se mêle les aboiements d'une meute, éclate dans les profondeurs de la forêt. Nous nous arrêtons pour écouter : Au même instant, les halliers s'écartent, les rameaux se brisent sous les efforts d'un être que nous n'apercevons pas encore; mais qui d'un bond prodigieux, franchit un buisson, et se trouva en travers du chemin, presque sous nos yeux. C'est le premier, le plus grand, le plus distingué des habitants de nos bois; c'est le Cerf d'Europe, ou cerf commun (*Cervus elaphus*) que nous reconnaissons à sa forme élégante et légère, à sa taille aussi svelte que bien prise, à ses membres flexibles et nerveux, à sa tête parée d'un bois superbe.

Pendant que nous l'examinons à loisir, il tient la tête haute, les oreilles dressées : Il écoute !...

Le son du cor devient de plus en plus distinct, la voix des chiens résonne comme un tonnerre, répercutée par les échos des bois : Le noble animal prend une détermination; il rentre sous bois et semble vouloir revenir au point d'où il est parti. Evidemment, il cherche à dépister les chiens.....

« Au printemps, dit Buffon, lorsque les feuilles naissantes commencent à parer les forêts, que la terre se couvre d'herbes nouvelles et s'émaille de fleurs, leur parfum rend moins sûr le sentiment des chiens, et comme le cerf est alors dans sa plus grande vigueur, pour peu qu'il ait d'avance, ils ont beaucoup de peine à le rejoindre. Aussi les chasseurs conviennent-ils que cette saison est celles de toutes où la chasse est la plus difficile, et que dans ce temps, les chiens quittent souvent un cerf mal mené pour tourner à une biche qui bondit devant eux; et de même, au commencement de l'automne, les limiers quêtent sans ardeur : l'odeur forte de l'animal leur rend peut-être la voie plus indifférente; peut-être aussi tous les cerfs ont-ils, dans ce temps, à peu près la même odeur. En hiver, pendant la neige, on ne peut pas courre le cerf, les limiers n'ont point de sentiment, et semblent suivre les voies plutôt à l'œil qu'à l'odorat. Dans cette saison, comme les cerf ne trouvent pas à brouter, à *viander* dans les forêts, ils en sortent, vont et viennent dans les parages les plus découverts, dans les petits taillis, et même dans les terres ensemencées. »

De ce qui précède nous conclurons que l'été est la saison la plus convenable pour courre le cerf. Mais, continuons l'histoire de ce gracieux animal.

Le cerf a l'odorat exquis, l'oreille excellente ; lorsqu'il écoute il lève la tête, dresse les oreilles, et alors, il entend de fort loin. Lorsqu'il sort de l'épaisseur du bois et qu'il se trouve dans un taillis, ou dans quelqu'autre endroit à demi découvert, il s'arrête pour regarder de tous côtés et cherche ensuite le dessous du vent pour sentir s'il n'y a pas quelqu'un qui puisse l'inquiéter. Il est d'un naturel assez simple, et cependant il est curieux. Lorsqu'on le siffle ou qu'on l'appelle de loin, il s'arrête tout court et regarde fixement et avec une espèce d'admiration les voitures, le bétail, les hommes ; et, s'ils n'ont ni armes, ni chiens, il continue à marcher d'assurance et passe fièrement et sans fuir : Il paraît aussi écouter avec autant de plaisir que de tranquillité le chalumeau ou le flageolet des bergers, et les veneurs se servent quelquefois de cet artifice pour le rassurer.

En général, il craint beaucoup moins l'homme que les chiens, et témoigne d'autant plus de confiance qu'il n'a jamais été inquiété.

Il mange lentement, choisit sa nourriture ; et, lorsqu'il est repu, il cherche un endroit tranquille pour se reposer et ruminer à loisir.

Il a la voix d'autant plus forte, plus grosse et plus tremblante, qu'il est plus âgé. A certaines époques, il *rait* d'une manière effroyable ; il est alors si transporté qu'il ne s'inquiète ni ne s'effraie de rien. Ces symptômes se manifestent en automne ; on peut, à cette époque, le surprendre aisément ; et comme, dans ce moment, il est surchargé de chair, il ne tient pas longtemps devant les chiens. En revanche, il devient dangereux quand poussé à bout, près d'être pris, il est aux abois ; il se jette sur la meute avec une espèce de fureur, et souvent il tue ou estropie plusieurs de ses adversaires, avant de tomber lui-même sous le coup de couteau ou de carabine du chasseur.

Le cerf ne boit guère en hiver et encore moins au printemps : L'herbe tendre, fraîche, chargée de rosée lui suffit ; mais dans le chaleurs et les sécheresses de l'été, il va boire aux ruisseaux, aux mares, aux fontaines ; à certains moment.

il cherche l'eau partout, non plus seulement pour apaiser sa soif mais pour se baigner et pour se rafraîchir le corps. Il nage bien, traverse de larges rivières, et l'on prétend même qu'il se jette à la mer et peut passer d'une ile à une autre distante de plusieurs lieues. Il saute très légèrement et quand il est poursuivi, il franchit des haies, des palissades de plus deux mètres de hauteur.

La nourriture des cerfs diffère suivant les diverses saisons : En automne, ils recherchent les bourgeons des arbustes verts, les fleurs de bruyère, les feuilles de ronces ; en hiver, lorsque la neige couvre la terre, ils pèlent les arbres, se nourrissent d'écorce, de mousses, de lichens ; lorsque le temps est doux, ils vont paître dans les blés ; au commencement du printemps, ils broutent les chatons des trembles, des saules, des coudriers, les fleurs et les boutons du cornouillier ; en été, ils n'ont que l'embarras du choix ; mais ils préfèrent les seigles, à tous les autres grains, et les pousses de bourdaine, à tous les autres bois.

Les chasseurs distinguent le *daguet*, ou jeune cerf portant les *dagues*, c'est-à-dire sa première *tête* ou son premier *bois* qui lui vient au commencement de la seconde année ; le *jeune cerf*, qui est dans la troisième, la quatrième, ou la cinquième année de sa vie ; le *cerf de dix cors jeunement*, qui est dans sa sixième année ; le *cerf de dix cors*, qui est dans la septième ; et le *vieux cerf*, qui a dépassé la huitième année.

En général, ces animaux sont portés à demeurer ensemble et à marcher de compagnie ; ils se rassemblent en petites troupes, ou *hardes*, dès le mois de décembre ; et pendant les grands froids, ils cherchent à se mettre à l'abri dans des endroits fourrés où ils se tiennent serrés les uns contre les autres, et se réchauffent de leur haleine. A la fin de l'hiver, ils gagnent le bord des forêts et sortent souvent dans les blés.

Au printemps, leur bois tombe ; la *tête*, c'est-à-dire le bois entier, se détache d'elle-même, ou par un petit effort qu'ils font en accrochant à quelques branche ; il est rare que les deux côtés tombent exactement en même temps, et souvent il y a un ou deux jours d'intervalle entre la chute de chacun des côtés de la tête.

La *biche* se distingue du cerf en ce qu'elle n'a pas de cornes ; mais le cerf qui a perdu son bois serait souvent confondu avec la biche si les veneurs ne savaient discerner les empreintes du pied que ces animaux laissent sur le sol.

bois des vieux cerfs tombe vers la fin de février ou au commencement de mars ; ceux des dix cors, vers le milieu ou la fin de mars, et toujours de plus en plus tard suivant l'âge des sujets.

Dès que les cerfs ont perdu leurs bois, ils se séparent les uns des autres, et il n'y a plus que les jeunes qui demeurent ensemble ; ils s'éloignent des forêts, gagnent les beaux pays, les buissons, les taillis clairs où ils demeurent une partie de l'été pour y refaire leur tête. Dans cette saison, ils marchent la tête basse ; ils craignent de la froisser entre les branches, car elle est très sensible, tant qu'elle n'a pas pris son entier accroissement. La tête des plus vieux n'est encore qu'à moitié refaite vers le milieu de mai, et n'est tout à fait allongée et endurcie que vers la fin de juillet.

Peu de temps après ils reviennent dans les forêts : ils raient alors d'une voix forte ; on les voit quelquefois, en plein jour, traverser les guérets et les plaines ; ils se livrent entre eux de grands combats, luttent à outrance, et par fois se blessent à mort.

La production rapide du bois du cerf, dépend de la surabondance de nourriture : Quand il habite dans un pays plantureux, où il n'est troublé ni par les chiens, ni par les hommes, il aura toujours la tête belle, haute, bien ouverte ; l'*empaumure*, ou racine du bois, sera large et bien garnie ; le *mérain*, ou tige des cornes sera gros et bien perlé, avec des *andouillers*, ou branches, forts et longs. L'animal, au contraire, qui séjourne dans un pays où il n'a ni repos, ni nourriture suffisante, n'aura qu'une tête mal nourrie, dont l'empaumure sera serrée, le mérain grêle, les andouillers menus et en petit nombre.

Ceux qui se portent mal, qui ont été blessés, ou seulement inquiétés ou courus, prennent rarement une belle tête et beaucoup de viande.

Le bois du cerf est d'une substance très différente de celle des cornes et des défenses des autres animaux ; il est solide dans toute son épaisseur, et croît par son extrémité supérieure, comme les arbres ; c'est une véritable production végétale par la manière dont il se développe, dont il se ramifie, se durcit, se sèche et se sépare ; car il tombe de lui-même après avoir pris son entière solidité, comme un fruit dont le pédicule se détache de la branche au temps de sa maturité. Il est d'abord tendre comme l'herbe et se durcit ensuite comme le bois.

La peau qui s'étend et qui croît avec lui est son écorce; tant qu'il croît, l'extrémité supérieure demeure toujours molle. Il se divise aussi en plusieurs rameaux : Le mérain est l'arbre; les andouillers en sont les branches.

La tête des cerfs va chaque année en augmentant en grosseur et en hauteur, depuis la seconde année de leur vie jusqu'à la huitième; elle se soutient toujours belle pendant toute la vigueur de l'âge et décline quand ces animaux deviennent vieux. Il est rare que les plus beaux portent plus de vingt ou vingt-deux andouillers.

La grandeur et la taille des cerfs varient suivant les lieux qu'ils habitent : Les cerfs de plaines, de vallées ou de collines abondantes en grains ont le corps beaucoup plus grand et les jambes plus hautes que les cerfs des montagnes sèches arides et pierreuses.

« Dans les pays où l'on ne le chasse pas, dit Brehm, le cerf est très confiant. Au Prater de Vienne, il y a continuellement des troupeaux nombreux de ces superbes animaux; ils se sont parfaitement habitués à la foule des promeneurs, et, comme je m'en suis assuré moi-même, ils laissent sans crainte approcher un homme jusqu'à trente pas.

« Un d'entre eux était même devenu assez hardi pour s'approcher des restaurants, pour courir entre les tables et lécher la main des dames; c'était sa façon de demander du sucre ou des gâteaux. Jamais il ne fit de mal à qui le traitait bien. Le tourmentait-on, il montrait son bois; ce cerf périt d'une manière fort malheureuse. Par un mouvement maladroit, il eut un andouiller pris dans le dossier d'une chaise, et renversa, en voulant se dégager, la personne qui occupait le siège. La frayeur lui fit engager plus encore le bois; irrité, excité par ce fardeau, il courut alors comme un fou dans les promenades, effarouchant les autres cerfs, se précipitant sur les passants : C'est au point qu'on fut forcé de le tuer. »

« A. Dessau, dit Dietrich de Winckell, il y a dans chacun des deux parcs, de soixante-dix à quatre-vingts cerfs. Se sont-ils éloignés pour paître, un chasseur à cheval peut facilement les ramener. Quand on a mis du foin dans leurs rateliers, jeté à terre de l'avoine ou des glands, ils arrivent à l'appel; ils sont tellement tranquilles que le chasseur, qu'ils connaissent, peut circuler autour d'eux, en toucher même quelques-uns. C'est un spectacle charmant pour les amateurs de la chasse.

Il en est autrement quand le cerf est enfermé dans un petit espace. La moindre chose l'irrite, et il peut devenir dangereux. Il fronce la lèvre supérieure, son œil étincelle; il baisse subitement la tête, dirige la pointe des andouillers d'œil contre son ennemi, et fond sur lui avec une rapidité telle qu'il est bien difficile d'échapper. Quoiqu'il arrive rarement qu'un cerf attaque son adversaire, les faits de ce genre ne manquent cependant pas, et l'on en connaît quelquesexemples. Les anciens traités de chasse sont remplis d'histoires de cerfs qui, sans aucun motif, ont attaqué, blessé et même tué des personnes. « En 1637, raconte Flemming, on nourrissait chaque jour de la cuisine du château de Hartenstein un jeune cerf et une pauvre fille. En automne, le cerf rencontra la malheureuse enfant dans la forêt et la tua. Il paya cette action de sa vie et fut jeté aux chiens. »

Dans les jardins zoologiques où ils perdent peu à peu leur timidité, ils sont encore plus dangereux que dans les parcs ou dans les forêts.

Lenz a vu près de Cobourg un cerf qui avait tué deux enfants; il était devenu également dangereux pour son gardien et se précipitait sur lui quand il feignait de ne pas vouloir lui donner à manger.

« Ce furieux quadrupède, raconte-t-il, quand je le vis, avait perdu son bois et n'avait que des saillies encore molles; il était donc peu dangereux. Je priai son gardien de chercher du fourrage, de me le passer par poignée dans la main gauche, ma main droite étant armée d'un fort gourdin. Je lui donnai à manger. Quand je ne lui en fournissais qu'une poignée, il se reculait comme pour prendre un élan, fronçait méchamment le museau, me regardait en louchant d'un air furieux, mais se retirait dès que j'agitais mon bâton; il revenait ensuite paisiblement quand je lui tendais de nouveau de la nourriture. »

« A Gotha, dit encore Brehm, un cerf apprivoisé, dans un accès de fureur, donna à son gardien qu'il semblait beaucoup aimer, un coup de corne dans l'œil, qui pénétra jusqu'au cerveau. A Potsdam, un cerf blanc apprivoisé tua de même son gardien, auquel il montrait d'ordinaire beaucoup d'attachement.

« La biche n'a jamais de pareils accès de méchanceté ; son œil roux et ouvert est le fidèle miroir de ses sentiments. Elle ne le cède pas en prudence au cerf, et c'est toujours une biche qui conduit le troupeau, jusqu'à ce que les vieux cerfs s'y soient joints. »

CHAPITRE VII

Une gracieuse famille. — Le Chevreuil. — Mœurs. — Habitudes. — Régime. — Une histoire originale. — Ivrognes et gendarmes. — Difficulté d'apprivoiser les Chevreuils. — Les Chevreuils dangereux. — Brocarts et Chevrettes. — Chien et Chevreuil. — Un charmant animal. — La chasse au Chevreuil. — Chasses réprouvées.

Lorsque vers la fin de mai ou le commencement de juin le naturaliste fait une excursion silencieuse à travers bois, il a quelquefois la bonne fortune de rencontrer dans une clairière toute parfumée de la suave odeur du muguet et de la jacinthe, les animaux les plus charmants de la forêt.

Ils sont là tout gracieux, tout séduisants. La famille est au complet : Le mâle portant avec une coquette désinvolture sa jolie tête bien proportionnée, et ornée d'un bois chargé de quatre andouillers ; la femelle avec son regard profond et mystérieux qu s'arrête avec inquiétude sur deux jeunes faons, frêles créatures entourées d'amour et de sollicitude.

Le Chevreuil commun (*Cervus capricolus* ou *capricolus vulgaris*) est un animal très élégant qui pourrait inspirer nos poètes comme la gazelle inspire les poètes de l'Orient.

« Il a, dit Buffon, plus de grâce, plus de vivacité et même plus de courage que le cerf; il est plus gai, plus leste, plus éveillé; sa forme est plus arrondie, plus élégante et sa figure plus agréable; ses yeux surtout sont plus beaux, plus brillants et paraissent animés d'un sentiment plus vif. Ses membres sont plus souples, ses mouvements plus prestes; il bondit sans effort avec autant de force que de légèreté. Sa robe est toujours propre, son poil net et lustré; il ne se roule jamais dans la fange comme le cerf; il ne se plaît que dans les pays les plus élevés, les plus secs, où l'air est le plus pur. Il est encore plus rusé, plus adroit à se dérober, plus difficile à suivre; il a plus de finesse, plus de ressources, d'instincts. »

Il diffère du cerf par sa taille qui est plus petite, par son tempéramment, par ses mœurs, et presque par toutes ses habitudes naturelles.

Ces animaux savent se soustraire à la poursuite des chiens par la rapidité de leur course, par leurs détours multipliés. Ils n'attendent pas, pour employer la ruse, que les forces viennent à leur manquer. Ils reviennent sur leurs pas, retournent, reviennent encore; et, lorsqu'ils ont confondu par leurs mouvements opposés la direction de l'aller avec celle du retour, lorsqu'ils ont mêlé les émanations présentes avec les émanations passées, ils s'enlèvent de terre par un bond rapide, et se jetant de côté, ils se mettent ventre à terre, laissant, sans bouger, sans que rien trahisse leur présence, passer là, tout près d'eux, la troupe entière de leurs ennemis.

Les chevreuils ne se mettent pas en *hardes;* ils ne marchent pas en troupes, comme les cerfs, mais ils demeurent en famille. Le père, la mère et les petits vont ensemble; ils ne s'associent jamais avec des étrangers; ils sont constants dans leur union.

Comme la chevrette produit ordinairement deux faons, ces jeunes animaux élevés, nourris ensemble, prennent une si forte affection l'un pour l'autre qu'ils ne se quittent jamais; après s'être éloignés de leurs parents, ils vont tous deux s'établir à quelque distance des lieux où ils ont pris naissance.

La chevrette cache ses petits dans le plus fort du bois, pour éviter le loup qui est son plus dangereux ennemi. Au bout de dix ou douze jours, les jeunes faons ont déjà pris assez de force pour suivre leur mère. Lorsque la petite famille est menacée de quelque danger, elle les conduit dans des endroits fourrés et se laisse chasser pour les préserver.

Vers la fin de la première année, leur bois commence à paraître sous forme de deux *dagues* beaucoup plus petites que celles du cerf.

Le chevreuil perd son bois vers la fin de l'automne et le refait pendant l'hiver. Lorsqu'il refait sa *tête*, il touche au bois comme le cerf, pour la dépouiller de la peau dont elle est revêtue.

A la seconde *tête*, il porte déjà deux *andouillers* sur chaque côté; à la troisième, il en a trois ou quatre; ce nombre est de quatre ou cinq l'année d'après, mais on n'en voit rarement davantage.

Tant que la *tête* des chevreuils est molle, elle est extrêmement sensible; ils marchent avec précaution, et la portent basse pour ne pas toucher aux branches.

En hiver, les chevreuils se tiennent dans les taillis les plus fourrés où ils vivent de ronces, de genêts, de bruyères, de chatons de coudriers, de saule marsaut, etc. Au printemps, ils se rendent dans les taillis plus clairs, broutent les boutons et les feuilles naissantes de presque tous les arbres; cette nourriture chaude fermente dans leur estomac, et les enivre de manière qu'il est alors très aisé de les surprendre; ils ne savent où ils vont; ils sortent même assez souvent hors du bois, et approchent quelquefois du bétail et des endroits habités.

M. De Cherville raconte à ce sujet, avec beaucoup de verve et d'*humour*, une singulière histoire de chevreuil :

« Il y a deux ou trois ans, dit-il, un homme du village de la Queue, dans le département de Seine-et-Marne, revenait chez lui dans cet état de jubilation bachique, qui fait d'un simple mortel l'égal des Dieux. Notre homme s'en allait, battant non pas les murailles, mais les tas de pierres, lorsqu'à deux kilomètres du bourg, au moment où il essayait de recouvrer son équilibre qu'un malencontreux fossé avait gravement compromis, il aperçut à dix pas de lui un animal, au pelage fauve, qui lui parut endormi. C'était un chevreuil qui, sous l'influence pernicieuse du *brout*, était venu induire les passants en tentation. Sans se laisser attendrir par la similitude de leurs situations réciproques, recouvrant immédiatement ce qu'il lui fallait de raison pour calculer la valeur de l'aubaine, — il n'y a rien de telle que la cupidité pour dégriser les ivrognes, — il le saisit et s'en empara. N'ayant point d'armes pour le mettre à mort, et tenté peut-être par le prix supérieur que la marchandise vivante conserve sur celle qui ne l'est plus il lui attacha les pattes avec un mouchoir, et, l'ayant chargé sur ses épaules, il essaya de l'emporter. Malheureusement ces préparatifs, dissipant les vapeurs des pousses de bourdaine, avaient aussi rendu au chevreuil le sentiment de la situation : il se débattit si bien, qu'il fallut poser le fardeau par terre pour aviser. Le paysan était inventif; il ôta sa blouse, fit passer la tête du chevreuil par le collet, en noua les manches autour du cou de l'animal, et, en rapprochant le bas en forme de sac, il se trouva avoir improvisé une camisole de force qui devait paralyser tous les mouvements du prisonnier. Il venait de terminer ces dispositions, lorsqu'il entendit une voix railleuse lui demander s'il avait besoin d'aide : en se retournant, il vit deux gendarmes qui, sans autre préambule, lui déclarent un procès-verbal; — il paraît que, plus heureux que nous, qui y laissons notre supériorité humaine, le chevreuil ne perd point, dans l'ivresse, ses droits au beau titre de gibier. — Le braconnier improvisé avait beau protester de son innocence, l'un des gendarmes enregistrait sur son carnet, les noms, prénoms et qualités du délinquant, tandis que l'autre s'occupait à rendre le captif à la liberté. Malheureusement, celui-ci, dans l'élan de l'acte généreux qu'il allait accomplir, en combina mal les incidents; il commença par dénouer les nœuds du mouchoir qui enserraient les pattes de l'animal, et celui-ci ne fut pas plus tôt débarrassé de ses entraves, que, renversant son libérateur, il s'élança dans la direction du bois, un peu gêné dans sa marche par la blouse qu'il n'avait pas eu le temps de restituer à son propriétaire, mais cependant, assez rapidement, grâce aux nombreux accrocs que ses sabots y pratiquèrent, pour enlever à ce dernier l'espoir de la recouvrer promptement. Je vous laisse à penser quelle dut être l'étonnement de la chevrette lorsqu'elle vit son conjoint revenir à elle sous ce déguisement. Quant à l'autre ivrogne, j'ignore si la perte de sa blouse lui fut comptée dans son procès comme circonstance atténuantes. »

En été, les chevreuils restent dans les taillis élevés, et n'en sortent que rarement, pour aller boire à quelque fontaine, dans les grandes sécheresses; car pour peu que la rosée soit abondante, ou que les feuilles aient été mouillées par la pluie, ils se passent de boire.

Ils cherchent la nourriture la plus fine et ne mangent pas avidement comme les cerfs; ils ne broutent pas non plus indifféremment toutes les herbes, et ne vont que rarement aux gagnages, parce qu'ils préfèrent la bourdaine et la ronces aux grains et aux légumes.

Ils ne raient pas aussi fréquemment, ni avec autant de force que les cerfs; leur voix est claire et brève, plus grave dans le mâle que dans la femelle. Lorsqu'ils sont blessés, ils font entendre une sorte de bramement plaintif.

Les jeunes ont un cri particulier, une petite voix courte et plaintive : « *Mi... mi...* » par laquelle ils marquent le besoin qu'ils ont de nourriture. Les braconniers imitent aisément ce cri d'appel, et la mère ainsi trompée, arrive jusque sous le fusil du chasseur.

Les chevreuils sont très difficiles à élever; leur délicatesse sur le choix de la nourriture, et le besoin qu'ils ont de mouvement, d'air et d'espace, font qu'ils ne résistent que pendant les premières années de leur jeunesse aux inconvénients de la vie domestique.

On peut les apprivoiser, mais non pas les rendre obéissants, ni même familliers; un rien les épouvante et ils se précipitent contre les murailles, avec tant de force, que souvent ils se brisent quelque membre. Même quand on les croit apprivoisés, il faut se méfier d'eux : Les mâles, surtout, sont sujets à des caprices dangereux quand ils prennent certaines personnes en aversion; alors ils s'élancent, donnent des coups de tête assez forts pour renverser un homme, et ils le foulent ainsi avec les pieds lorsqu'ils l'ont renversé.

« Il faut apprivoiser des chevrettes et non des brocarts, dit Brehm, car ceux-ci, en vieillissant deviennent méchants et impudents. Ils ont perdu leur timidité innée ; ils connaissent l'homme, savent qu'ils n'ont rien à craindre, ni de sa part, ni de celle des chiens, et, incommodes pour tous, ils sont même dangereux pour les enfants.

« Un jeune chevreuil qu'avait un ami de mon père, s'était mis dans la tête que la niche du chien lui était une couchette très convenable ; il y allait quand l'idée lui en prenait. *Basco*, le légitime propriétaire, y était-il, il le frappait de ses pattes de devant, jusqu'à ce que le pauvre chien eut pris la fuite la tête basse, la queue entre les jambes. Il savait bien qu'il ne pouvait toucher au favori de son maître ; il était obligé de lui céder.

» De vieux brocarts s'élancent parfois sur des enfants, et surtout sur des femmes, et peuvent les blesser grièvement avec leurs cornes ; il ne faut donc pas les élever. »

« Un de mes frères, dit Winckell, avait une chevrette apprivoisée qui paraissait se complaire dans la société des hommes. Souvent elle se couchait à nos pieds, ou profitait volontiers de la permission qu'on lui donnait de se coucher sur le canapé, aux côtés de ma belle-sœur. Elle jouait avec les chiens et les chats. Ceux-ci la maltraitaient-ils, elle les en punissait en leur donnant des coups de pattes. Elle sortait soit avec nous, soit toute seule ; mais alors un brocard se joignait d'ordinaire à elle et l'accompagnait jusqu'à l'entrée du village. . . . .

« Me croirait-on, si je disais que ce charmant animal, qui portait, pour se distinguer, un collier avec une clochette, fut tué par quelque méchant qui nous est toujours resté inconnu. Un jour, nous la trouvâmes dans les blés, atteinte d'un coup de feu, et à une époque, où, dans nos environs du moins, aucun de ceux qui avaient le droit de chasse n'aurait tiré sur une chevrette. »

C'est malheureusement la fin de la plupart **des animaux** apprivoisés qui sortent librement.

La chair des chevreuils est estimée ; mais sa qualité dépend beaucoup du pays qu'ils habitent ; ceux des pays élevés et des collines sont les plus délicats.

Il paraît que ceux dont le pelage est brun, ont la chair plus fine que les roux. Les mâles qui ont passé deux ans, et que les chevrettes mêmes plus âgées ont la chair plus tendre; l'on appelle *vieux brocards*, sont durs et d'assez mauvais goût; celle des faons de un an à dix-huit mois est parfaite.

Il faut des bois assez vastes pour assurer la multiplication du chevreuil; il est nécessaire d'en assurer la tranquillité en détruisant les renards, en restant plusieurs années sans tuer un chevreuil; et, plus tard, en ne chassant que les brocards. Ce qui est indispensable, surtout, c'est de garantir le gibier de l'atteinte des braconniers.

On chasse le chevreuil aux chiens courants et en battues; mais le *collet* demeurera longtemps le plus grand de tous les destructeurs.

M. De Cherville raconte, comment, dans le département des Ardennes, les braconniers tuent une grande quantité de chevreuils, pendant l'hiver :

« Quatre ou cinq individus, dit-il, armés de fusils, se réunissent. L'un d'eux est muni d'une de ces clochettes que l'on attache au col des vaches avant de les lâcher dans les bois. Ils cherchent sur la neige une voie de chevreuil : lorsqu'ils l'ont trouvée, les tireurs cernent l'enceinte dans laquelle la rentrée est indiquée.

« L'homme à la cloche marche dans le pied du chevreuil, et par le bruit de la sonnette, il indique de temps en temps, à ses compagnons, la direction dans laquelle il avance. On fouille successivement plusieurs enceintes, jusqu'à ce que l'on arrive à celle ou le chevreuil est rembûché. Trompé par le tintement monotone que l'habitude lui a rendu familier, celui-ci ne bondit ordinairement que lorsqu'il aperçoit le chasseur, auquel il fournit ainsi l'occasion de faire feu de ses deux coups. S'il échappe, l'homme fait résonner sa sonnette à tour de bras; l'animal épouvanté s'enfuit sans songer à tenter un hourvari et va passer où il est attendu. J'espère pour l'honneur des Ardennes, que les gardes de ce pays font preuve de plus de sagacité que le chevreuil, qu'ils savent comprendre, au moindre bruit de clochette, que nul de leurs compatriotes n'a été assez ennemi de sa propriété pour envoyer ses bestiaux brouter la neige, et qu'ils ne laissent que bien rarement l'occasion de constater une aussi agréable multiplication de délits. »

CHAPITRE VIII

Le Lièvre commun (*Lepus timidus*), est peut être, de tous les animaux le moins favorisé de la nature ; ses ennemis sont innombrables ; et, cet « éternel proscrit de la création » est toujours et partout environné de dangers, de pièges et d'embûches.

Ce tremblant animal ne sait que fuir ; ce sont des craintes, des transes de tous les instants ; il n'ose presque, se montrer dans les champs. Il passe la plus grande partie du jour au gîte, où il dort, mais d'un sommeil léger, et les yeux ouverts ; et il n'est pas possible de mieux exprimer les inquiétudes qu'il éprouve que ne l'a fait, lui-même, le lièvre de La Fontaine :

> « Les gens de naturel peureux
>
> « Sont, disait-il, bien malheureux !
>
> « Ils ne sauraient manger morceau qui leur profite :
>
> « Jamais un plaisir pur ; toujours assauts divers.
>
> « Voilà comme je vis : Cette crainte maudite
>
> « M'empêche de dormir sinon les yeux ouverts. »

Le lièvre ne semble vivre et respirer que la nuit : C'est alors qu'il prend sa nourriture, qu'il joue, qu'il saute, qu'il gambade avec ses compagnons; et encore, un souffle, une ombre, un rien..... le bruit d'une feuille qui tombe, suffit pour mettre le désarroi dans cette réunion nocturne dont tous les membres fuient dans des directions différentes :

> « Corrigez-vous, dira quelque sage cervelle.
> « Eh! la peur se corrige-t-elle ? ».....

Les lièvres se nourrissent d'herbes, de racines, de feuilles, de fruits, de grains, et préfèrent les plantes dont la sève est laiteuse; ils rongent l'écorce des arbres pendant l'hiver, et il est à remarquer qu'ils ne s'attaquent jamais à l'aulne et au tilleul.

Quand on les saisit ou qu'on les blesse, ils font entendre un son assez fort qui se rapproche de la voix humaine.

Dans le premier âge, on peut les apprivoiser; ils sont doux, deviennent même caressants et sont susceptibles d'une sorte d'éducation; mais, ils ne s'attachent jamais assez pour devenir animaux domestiques; et, il faut dépenser beaucoup de temps et de patience pour dompter l'humeur farouche qui est la conséquence de leur excessive timidité.

On en voit qui s'acquittent parfaitement de leur emploi dans une barraque de bateleurs : Comme ils s'asseyent volontiers sur leurs pattes de derrière et qu'ils peuvent se servir de celles de devant comme de bras, on les dresse à battre du tambour ou à gesticuler en cadence. Il en est qui, comme les serins et les chardonnerets savants, tirent des coups de pistolet.

Si le lièvre dort les yeux ouverts, c'est que ses paupières sont trop petites pour recouvrir l'œil, même pendant le sommeil; sa vue est médiocre; ses yeux, placés obliquement de chaque côté de la tête, sont comme deux sentinelles qui surveillent à droite et à gauche, mais qui ne voient rien de ce qui se passe en face; aussi, un lièvre en marche vient, de fort loin, droit au chasseur qui l'attend. En revanche, l'ouïe et très fine; les oreilles sont des intruments d'acoustique admirablement façonnés, que l'animal peut, à son gré, diriger dans toutes les directions; ils les remue avec une extrême facilité, et ce sont elles qui servent à le diriger dans sa course.

Il a les jambes de devant beaucoup plus courtes que celles de derrière aussi court-il plus facilement en montant qu'en descendant; lorsqu'il est poursuivi, son premier soin est de gagner la colline ou la montagne. Son mouvement dans la course est une espèce de galop, une suite de sauts très preste et très pressés; il marche sans faire aucun bruit, parce qu'il a les pieds garni de poils, même par dessous.

Les lièvres multiplient rapidement, mais la destruction de ces animaux est si grande, qu'il n'y a pas à s'inquiéter des dommages qu'ils peuvent causer; on ne saurait, au contraire, prendre trop de mesures pour assurer la conservation de ce précieux gibier.

Les petits levrauts ont les yeux ouverts dès leur naissance; la mère, ou *hase*, les allaite pendant une vingtaine de jours, après quoi ils s'en séparent en trouvant eux-mêmes leur nourriture. Ils ne s'écartent pas beaucoup les uns des autres, ni du lieu où ils sont nés. Cependant, ils vivent solitairement et se forment chacun un gîte à une distance, de soixante ou quatre-vingts pas environ. La plupart ont, au sommet de la tête, une petite marque blanche que l'on appelle l'*étoile*, qui, ordinairement disparaît à la première mue et reste, quelquefois, jusqu'à un âge plus avancé. Ils prennent, en une année, presque tout leur accroissement, et la durée de leur vie est d'à peu près sept à huit ans. Mais, bien peu atteignent la limite de cette courte existence.

Malgré sa timidité si grande, sa poltronnerie légendaire, nous aurions peut être tort de retirer notre estime à ce malheureux deshérité, toujours entouré d'embûches, qui a pu dire :

> « Je crois même qu'en bonne foi
> « Les hommes ont peur comme moi. »

Si la nature a donné aux lièvres des sens moins bons qu'à beaucoup d'autres animaux, elle leur permet d'avoir des ruses qui donneraient de la jalousie au renard. Ils ne manquent ni d'instinct, pour leur propre conservation, ni de sagacité pour échapper à leurs ennemis.

Le lièvre se forme un gîte, et il sait choisir en hiver les lieux qui sont exposés au midi; en été, au contraire; il se loge au nord. En plein champ, il se cache entre des mottes qui sont de la couleur de son poil.

On en a vu qui, étant chassés, passaient les étangs à la nage, et allaient se cacher au milieu des joncs.

Il n'est pas un vieux chasseur qui n'ait poursuivi un lièvre extraordinaire, et qui n'aime à en raconter les prouesses. À Dieu ne plaise que je mette en doute la véracité des récits de ces fervents disciples de Saint-Hubert.

Qui ne connaît l'histoire de ce lièvre fameux qui, chaque jour, était lancé par les chiens et dont la piste se perdait chaque jour au bord d'un cours d'eau, toujours au même lieu? Il n'était pourtant pas admissible qu'il eût traversé la rivière en cet endroit; du reste, la voie était brusquement interrompue, trop loin de la rive pour admettre qu'il eût pu, de ce point, se jeter dans l'eau. On désespérait de trouver le mot de l'énigme lorsqu'un paysan qui avait éventé la ruse vint la faire connaître aux chasseurs : Après s'être laissé chasser, quelque temps, après avoir croisé et recroisé les voies pour ne pas inspirer de méfiance à ceux qui le poursuivaient, il se dirigeait vers la rivière; et là, d'un bond rapide, véritable saut périlleux capable de déconcerter le meilleur acrobate, il disparaissait dans le tronc caverneux d'un vieux saule!.....

Un autre exécutait le même manège et allait se cacher dans les décombres d'une vieille muraille en ruines. On en a vu se blottir dans un terrier, d'autres se réfugier dans les bergeries et se mêler parmi le bétail, dans les champs.

« De tous les animaux qui vivent d'herbes, dit un vieil auteur, celui qui paraît le plus stupide est, peut-être le lièvre. La nature lui a donné des yeux faibles et un odorat obtus : Si ce n'est l'ouïe qu'il a excellente, il paraît n'être pourvu d'aucun instrument d'industrie. D'ailleurs, il n'a que la fuite pour moyen de défense; mais aussi semble-t-il épuiser tout ce que la fuite peut comporter d'intentions et de variétés. Je ne parle pas d'un lièvre que des lévriers forcent par l'avantage d'une vitesse supérieure, mais de celui qui est attaqué par des chiens courants. Un vieux lièvre, ainsi chassé, commence par proportionner sa fuite à la vitesse de la poursuite. Il sait, par expérience, qu'une fuite rapide ne le mettrait pas hors de danger, que la chasse peut être longue, et que ses forces ménagées le serviront plus longtemps. Il a remarqué que la poursuite des chiens est plus ardente et moins interrompue dans les bois fourrés, où le contact de son corps leur donne un sentiment plus vif de son passage, que sur la terre, où ses pieds ne font que poser; ainsi il évite les bois et suit presque toujours les chemins (ce même lièvre, lorsqu'il est poursuivi à vue par un lévrier, s'y dérobe en cherchant le bois). Il ne peut pas douter qu'il ne soit suivi par les chiens courants, sans être vu; il entend distinctement que la poursuite s'attache, avec scrupule, à toutes les traces de ses pas. Que fait-il? Après avoir parcouru un long espace en ligne droite, il revient exactement sur ses mêmes voies. Après cette ruse, il se jette de côté, fait plusieurs sauts consécutifs, et par là, dérobe aux chiens, au moins pour un temps, le sentiment de la route qu'il a prise. Souvent, il va faire partir du gîte un autre lièvre dont il prend la place. Il déroute ainsi les chasseurs et les chiens par mille moyens qu'il serait trop long de détailler. Ces moyens lui sont communs avec d'autres animaux, qui, plus habiles que lui d'ailleurs, n'ont pas plus d'expérience à cet égard. Les jeunes animaux ont beaucoup moins de ces ruses. C'est à la science des faits que les vieux doivent les inductions justes et promptes qui amènent ces actes multipliés. »

En général, tous les lièvres qui sont nés dans le lieu même où on les chasse, ne s'en écartent guère; il revient au gîte, et si on les chasse deux jours de suite, ils font le lendemain les mêmes tours et détours qu'ils ont fait la veille. Lorsqu'un lièvre va droit et s'éloigne beaucoup du lieu où il a été lancé, c'est une preuve qu'il est étranger et qu'il n'était en ce lieu qu'en passant. Il arrive souvent en effet que des lièvres, surtout pendant les mois de janvier et de février s'éloignent à plusieurs lieues de leur domicile habituel; mais lorsqu'ils sont lancés par les chiens, ils regagnent leur contrée et ne reviennent plus.

La chasse du lièvre se fait sans appareil et sans dépense : Les braconniers, peu scrupuleux, vont, le matin et le soir, au coin du bois, attendre le lièvre à sa rentrée ou à sa sortie; c'est la chasse à l'*affût*.

Pendant le jour, on le cherche dans les endroits où il se gîte. D'aucuns prétendent que lorsqu'il y a de la fraîcheur dans l'air, par un soleil brillant, et que le lièvre vient se gîter après avoir couru, la vapeur de son corps forme une petite fumée que les chasseurs aperçoivent de fort loin, surtout si leurs yeux sont exercés à cette espèce d'observation. Cette version rencontre beaucoup d'incrédules.....

Le lièvre se laisse ordinairement approcher de très près, surtout si l'on ne fait pas semblant de le regarder ; et si, au lieu d'aller directement à lui, on tourne obliquement pour l'approcher.

Il se tient volontiers en été dans les champs, en automne dans les vignes, en hiver dans les buissons et dans les bois ; et l'on peut le forcer à la course avec des chiens courants. Autrefois, on employait pour s'en emparer, des oiseaux de proie dressés, mais cette chasse est depuis longtemps abandonnée.

Le pauvre animal, répétons-le, est entouré d'ennemis de toutes sortes : Les ducs, les buses, les aigles, les renards, les loups, les hommes, lui font également la guerre. Il n'échappe que par hasard ; et, il est bien rare qu'il puisse jouir du petit nombre de jours que la nature lui a compté.

C'est surtout le perfide *collet* du braconnier qui fait, parmi les lièvres, de nombreuses victimes.

La chasse du lièvre au chien d'arrêt, dit Toussenel, ne vaut pas une mention spéciale ; ce n'est pas chasser que de tirer un lièvre qu'un chien vous montre et qui vous part dans les jambes ; la battue devrait être prohibée, car c'est le massacre et la destruction. Le spirituel écrivain donne la préférence à la chasse au chien courant ; et il paye aussi son tribut d'hommages aux ruses du lièvres :

« Le lièvre, dit-il, n'a pas étudié le code civil ; mais nul légiste ne connaît mieux que lui les entraves qu'apporte à la liberté illimitée du droit de chasse, le droit de la propriété individuelle. Il spécule sur ces entraves ; il sait l'inviolabilité du domicile du citoyen sous le régime constitutionnel ; il en réclame le bénéfice pour lui, toutes les fois que l'occasion s'en présente ; il ne craint pas d'invoquer le droit d'asile du potager ou du parterre, quand la meute le sert de trop près.

« J'ai connu un lièvre de Bresse dont le bonheur était de s'épanouir et de s'étirer au soleil au pied d'un jeune épicéa isolé au milieu d'une vaste pelouse, comme pour tenter la sensibilité du chasseur. J'ai donné une fois dans le piège. La pelouse n'était séparée que par un fossé en ruine, d'une forêt de dahlias, de rosiers et de chrysanthèmes, remplissant la presque totalité d'un parterre au-devant d'une riche demeure, alors inhabitée par ses maîtres, et confiée à la garde de quelques serviteurs hors d'âge. La pelouse semblait de loin prolonger le parterre, et l'épicéa faisait point de vue. Il fallait que l'animal fut parfaitement au courant de tous ces détails pour affecter la tranquillité d'âme avec laquelle il attendait l'attaque de mes chiens. J'ai observé par deux fois sa tactique. Il ne se levait du gîte qu'après un long *rapprocher*, et lorsque le chien de tête n'était plus qu'à deux pas de lui, afin d'entraîner tous les chiens sur sa voie par un *à vue* furieux. Alors, notre bête endiablée traversait légèrement le fossé, pénétrait sous les voûtes sacrées des dahlias, y décrivait plusieurs circuits, gagnait le perron de la demeure, puis, doucement, s'insinuait dans l'étroit soupirail de la cave, au fond de laquelle il allait chercher un asile sous des tonneaux. Et alors les chiens de faire vacarme au milieu du parterre et de saccager les plates-bandes, et tous les gardiens du poste d'accourir; armés de faux et de fourches, de jurer, de tempêter et d'arrêter les chiens; bref, de me forcer à une capitulation déraisonnable en espèces pour me tirer de là! Ce ne fut pas moi qui payai les dahlias cassés, la seconde fois, mais un ami trop jeune, qui avait le tort de ne pas croire aux perfidies du lièvre et qui exigeait une leçon : j'eus grand soin de lui présenter le lièvre de l'épicéa, comme une rencontre de hasard, comme une connaissance de huit jours. »

La nature du terroir influe sur ces animaux plus sensiblement que sur aucun autre. Les lièvres de montagne sont plus
grands, plus bruns sur le corps et plus blancs sous le cou
que les lièvres de plaine; ces derniers sont petits et presque
rouges. Dans les hautes montagnes et dans les rudes pays
du nord, ils deviennent blanc pendant l'hiver, et repren-
nent en été leur couleur ordinaire. Les lièvres des pays chauds
sont plus petits que ceux des pays tempérés et septentrionaux.

Limoges. — Typ. Eugène Ardant et Cⁱᵉ.

LES
VAILLANTS COEURS

PAR

Mlle E. CARPENTIER

ILLUSTRATIONS DE TELORY

LIMOGES

EUGÈNE ARDANT ET Cie, ÉDITEURS